U0358870

天津市安装工程预算基价

第七册　消防工程

DBD 29-307-2020

天津市住房和城乡建设委员会
天津市建筑市场服务中心　主编

中国计划出版社

目　录

第四章　管道支架制作、安装

第五章　火灾自动报警系统

第六章　消防系统调试

附　　录

册　说　明

一、本册基价包括水灭火系统，气体灭火系统，泡沫灭火系统，管道支架制作、安装，火灾自动报警系统，消防系统调试6章，共231条基价子目。

二、本册基价适用于工业与民用建筑中的新建、扩建工程。

三、本册基价各子目不包括以下内容，应参照其他章节列项或另行补充：

1.电缆敷设、桥架安装、配管配线、接线盒、动力、应急照明控制设备、应急照明器具、电动机检查接线、防雷接地装置等安装，参照本基价第二册《电气设备安装工程》DBD 29-302-2020相应基价子目。

2.气体灭火系统、泡沫灭火系统及泵间的法兰、阀门、碳钢管、不锈钢管、铜管和管件安装参照本基价第六册《工业管道工程》DBD 29-306-2020相应基价子目。

3.水灭火系统中的阀门、法兰、水表、消火栓管道、室外给水管道及水箱制作、安装参照本基价第八册《给排水、采暖、燃气工程》DBD 29-308-2020相应基价子目。

4.各种消防泵、稳压泵等机械设备安装及二次灌浆参照本基价第一册《机械设备安装工程》DBD 29-301-2020相应基价子目。

5.各种仪表的安装及带电讯号的阀门、水流指示器、压力开关、驱动装置及泄漏报警开关的接线、校线等参照本基价第十册《自动化控制仪表安装工程》DBD 29-310-2020相应基价子目。

6.泡沫液储罐、设备支架制作、安装等参照本基价第五册《静置设备与工艺金属结构制作安装工程》DBD 29-305-2020相应基价子目。

7.设备及管道除锈、刷油及绝热工程参照本基价第十一册《刷油、防腐蚀、绝热工程》DBD 29-311-2020相应基价子目。

四、其他需说明的问题：

1.本册基价是按国内大多数施工企业采用的施工方法、机械化装备程度、合理的工期、施工工艺和劳动组织条件制定的。除各章节另有具体说明外，均不得因上述因素有差异而对基价进行调整或换算。

2.消防检测部门的检测费由建设单位承担。

五、下列项目按系数分别计取：

1.脚手架措施费按分部分项工程费中人工费的4%计取，其中人工费占35%。

2.建筑物超高增加费，是指在高度为6层或20m以上的工业与民用建筑施工时增加的费用，用包括6层或20m以内（不包括地下室）的分部分项工程费中人工费为计算基数，乘以下表系数（其中人工费占65%）。

建筑物超高增加费系数表

层　数	9层以内（30m）	12层以内（40m）	15层以内（50m）	18层以内（60m）	21层以内（70m）	24层以内（80m）	27层以内（90m）	30层以内（100m）	33层以内（110m）	36层以内（120m）
以人工费为计算基数	0.01	0.02	0.03	0.05	0.07	0.09	0.11	0.13	0.15	0.17

注：120m以外可参照此表相应递增。

3.安装与生产同时进行降效增加费按分部分项工程费中人工费的10%计取，全部为人工费。

4.在有害身体健康的环境中施工降效增加费按分部分项工程费中人工费的10%计取，全部为人工费。

第一章　水灭火系统

说　明

一、本章适用范围：自动喷水灭火系统的管道、各种组件、消火栓、消防水泵结合器、灭火器、超细干粉灭火装置、消防水炮的安装及管道支(吊)架的制作、安装。

二、界线划分：

1.喷水系统水灭火管道：室内外界线应以距建筑物外墙皮1.5m处为界，入口处设阀门者以阀门为界；设在高层建筑内的消防泵间管道应以泵间外墙皮为界。

2.消火栓管道：给水管道室内外界线划分应以距建筑物外墙皮1.5m处为界，入口处设阀门者以阀门为界。

3.与市政给水管道的界限应以水表井为界；无水表井的，应以与给水管道碰头点为界。

三、其他应注意的问题：

1.喷头、报警装置及水流指示器安装基价均按管网系统试压、冲洗合格后安装考虑，基价中已包括丝堵、临时短管的安装、拆除及其摊销。

2.其他报警装置适用于雨淋、干湿两用及预作用报警装置。

3.温感式水幕装置安装基价中已包括给水三通至喷头、阀门间的管道、管件、阀门、喷头等全部安装内容。但管道的主材数量按设计图示管道中心长度另加损耗计算，喷头数量按设计图示数量另加损耗计算。

4.集热板的安装位置：当高架仓库分层板上方有孔洞、缝隙时，应在喷头上方设置集热板。

5.消防水炮及模拟末端装置项目，基价中仅包括本体安装，不包括型钢底座制作、安装和混凝土基础砌筑；型钢底座制作、安装执行管道支架制作、安装子目，人工工日乘以系数0.80。混凝土基础执行《天津市建筑工程预算基价》DBD 29-101-2020、《天津市装饰装修工程预算基价》DBD 29-201-2020相应子目。

6.管网冲洗子目是按水冲洗考虑的，若采用水压气动冲洗法时，可按施工方案另行计算，基价只适用于自动喷水灭火系统。

7.设置于管道间、管廊内的管道，其基价人工工日乘以系数1.30。

工程量计算规则

一、水灭火系统管道安装依据不同的安装部位(室内、外)、材质、型号、规格、连接方式,按设计图示管道中心线长度以延长米计算,不扣除阀门、管件及各种组件所占长度;方形伸缩器以其所占长度按管道安装工程量计算。

二、水喷头安装依据不同的材质、型号、规格、有无吊顶,按设计图示数量计算。

三、报警装置依据不同名称、型号、规格、连接方式,按设计图示数量计算(包括湿式报警装置、干湿两用报警装置、电动雨淋报警装置、预作用报警装置)。

四、温感式水幕装置依据不同的型号、规格、连接方式,按设计图示数量计算(包括给水三通至喷头、阀门间的管道、管件、阀门、喷头等的全部安装内容)。

五、水流指示器、减压孔板依据不同的型号、规格,按设计图示数量计算。

六、末端试水装置依据不同的规格、组装形式,按设计图示数量计算(包括连接管、压力表、控制阀及排水管等)。

七、集热板制作、安装依据不同的材质,按设计图示数量计算。

八、消火栓依据不同的安装部位(室内、外,地上、下)、型号、规格、单栓、双栓,按设计图示数量计算(安装包括室内消火栓、室外地上式消火栓、室外地下式消火栓)。

九、消防水泵接合器依据不同的安装部位、型号、规格,按设计图示数量计算(包括消防接口本体、止回阀、安全阀、闸阀、弯管底座、放水阀、标牌)。

十、灭火器区分形式,按设计图示数量计算。

十一、超细干粉灭火装置按设计图示数量计算。

十二、消防水炮区分规格,按设计图示数量计算。

十三、自动喷水灭火系统管网水冲洗依据不同的规格,按设计图示管网管道中心线长度以延长米计算。

一、管 道 安 装

1.水喷淋镀锌钢管(螺纹连接)

工作内容: 切管、套丝、调直、管道及管件安装、水压试验。 **单位:** 10m

编号				7-1	7-2	7-3	7-4	7-5	7-6	7-7
项目				公称直径(mm以内)						
				25	32	40	50	70	80	100
预算基价	总价(元)			**259.28**	**274.22**	**318.56**	**330.17**	**368.09**	**429.97**	**477.56**
	人工费(元)			245.70	255.15	290.25	302.40	336.15	394.20	444.15
	材料费(元)			8.88	11.51	17.22	17.62	22.01	24.36	23.19
	机械费(元)			4.70	7.56	11.09	10.15	9.93	11.41	10.22
组成内容		**单位**	**单价**	**数量**						
人工	综合工	工日	135.00	1.82	1.89	2.15	2.24	2.49	2.92	3.29
材料	镀锌钢管	m	—	(10.20)	(10.20)	(10.20)	(10.20)	(10.20)	(10.20)	(10.20)
	镀锌钢管接头零件	个	—	(7.23)	(8.07)	(12.23)	(9.33)	(8.91)	(8.26)	(5.19)
	水	m^3	7.62	0.08	0.09	0.13	0.16	0.18	0.20	0.31
	密封带	m	0.98	3.514	5.027	7.958	8.219	9.536	10.573	10.405
	棉纱	kg	16.11	0.041	0.062	0.062	0.082	0.103	0.124	0.144
	破布	kg	5.07	0.200	0.220	0.220	0.220	0.280	0.300	0.350
	镀锌钢丝 $D2.8\sim4.0$	kg	6.91	0.077	0.077	0.077	0.077	0.077	0.077	0.077
	机油	kg	7.21	0.049	0.057	0.105	0.087	0.100	0.094	0.073
	砂轮片 $D400$	片	19.56	0.116	0.145	0.257	0.243	0.356	0.396	0.280
机械	套丝机	台班	27.57	0.118	0.217	0.300	0.291	0.265	0.315	0.291
	砂轮切割机 $D400$	台班	32.78	0.044	0.048	0.086	0.065	0.080	0.083	0.067

2.水喷淋镀锌钢管(法兰连接)

工作内容: 切管、坡口、调直、对口、焊接、法兰连接、管道及管件安装、水压试验。 **单位:** 10m

编号				7-8	7-9
项目				公称直径(mm以内)	
				150	200
预算基价	总价(元)			**1935.10**	**2513.56**
	人工费(元)			1306.80	1676.70
	材料费(元)			243.59	291.50
	机械费(元)			384.71	545.36
组成内容		单位	单价	数量	
人工	综合工	工日	135.00	9.68	12.42
材料	镀锌钢管	m	—	(9.81)	(9.81)
	水	m^3	7.62	0.38	0.47
	电	kW•h	0.73	3.285	4.725
	棉纱	kg	16.11	0.382	0.547
	破布	kg	5.07	0.858	0.832
	镀锌钢丝 *D*2.8～4.0	kg	6.91	0.077	0.077
	砂轮片 *D*400	片	19.56	0.898	1.063
	碳钢电焊条 E4303 *D*3.2	kg	7.59	10.782	16.732
	清油	kg	15.06	0.458	0.352
	石棉橡胶板 低中压 δ0.8～6.0	kg	20.02	4.217	3.881
	砂轮片 *D*100	片	3.83	3.301	4.663
	铅油	kg	11.17	2.139	1.993
机械	砂轮切割机 *D*400	台班	32.78	0.253	0.300
	电焊条烘干箱 600×500×750	台班	27.16	0.330	0.443
	普通车床 630×2000	台班	242.35	0.318	0.302
	交流弧焊机 32kV•A	台班	87.97	3.301	4.427
	汽车式起重机 8t	台班	767.15	—	0.01
	载货汽车 4t	台班	417.41	—	0.02
	卷扬机 单筒慢速 50kN	台班	211.29	—	0.21
	试压泵 30MPa	台班	23.45	—	0.02

二、系统组件安装

1.水喷头安装

工作内容：切管、套丝、管件安装、喷头密封性能抽查试验、安装、外观清洁。 **单位：**10个

编号				7-10	7-11
项目				公称直径(15mm以内)	
				无吊顶	有吊顶
预算基价	总价(元)			**245.29**	**315.00**
	人工费(元)			213.30	261.90
	材料费(元)			28.04	45.60
	机械费(元)			3.95	7.50
组成内容		**单位**	**单价**	**数量**	
人工	综合工	工日	135.00	1.58	1.94
材料	喷头	个	—	(10.1)	(10.1)
	镀锌丝堵 *DN*15	个	0.73	1	1
	镀锌管箍 *DN*25	个	1.67	10.1	10.1
	密封带	m	0.98	6.42	8.99
	棉纱	kg	16.11	0.1	0.1
	机油	kg	7.21	0.03	0.07
	工业酒精 99.5%	kg	7.42	0.05	0.05
	砂轮片 *D*400	片	19.56	0.10	0.16
	镀锌弯头 *DN*25	个	2.24	—	6.06
机械	套丝机	台班	27.57	0.072	0.158
	砂轮切割机 *D*400	台班	32.78	0.060	0.096

2.湿式报警装置安装

工作内容： 部件外观检查、切管、坡口、组对、焊法兰、紧螺栓、临时短管安拆、报警阀渗漏试验、整体组装、配管、调试。 **单位：** 组

编号				7-12	7-13	7-14	7-15	7-16
项目				公称直径(mm以内)				
				65	80	100	150	200
预算基价	总价(元)			**872.56**	**1050.61**	**1355.51**	**1714.89**	**2102.42**
	人工费(元)			549.45	706.05	930.15	1251.45	1572.75
	材料费(元)			289.21	307.17	383.44	417.03	459.05
	机械费(元)			33.90	37.39	41.92	46.41	70.62
组成内容		**单位**	**单价**	**数量**				
人工	综合工	工日	135.00	4.07	5.23	6.89	9.27	11.65
材料	湿式报警装置	套	—	(1)	(1)	(1)	(1)	(1)
	平焊法兰	个	—	(2.0)	(2.0)	(2.0)	(2.0)	(2.0)
	电	kW•h	0.73	0.115	0.135	0.162	0.215	0.403
	镀锌钢管 *DN*15	m	6.70	2	2	2	2	2
	镀锌钢管 *DN*20	m	8.60	10	10	10	10	10
	镀锌钢管 *DN*25	m	12.56	4	4	4	4	4
	镀锌钢管 *DN*50	m	24.59	2	2	—	—	—
	镀锌钢管 *DN*80	m	41.27	—	—	2	2	2
	镀锌弯头 *DN*15	个	1.07	2.02	2.02	2.02	2.02	2.02
	镀锌弯头 *DN*20	个	1.54	4.04	4.04	4.04	4.04	4.04
	镀锌弯头 *DN*25	个	2.24	2.02	2.02	2.02	2.02	2.02
	镀锌弯头 *DN*50	个	6.74	2.02	2.02	—	—	—
	镀锌弯头 *DN*80	个	21.80	—	—	2.02	2.02	2.02

续前　　　　　　　　　　　　　　　　　　　　　　　　　　　　　　　　　　　**单位**：组

编　　号				7-12	7-13	7-14	7-15	7-16
项　　目				公称直径(mm以内)				
				65	80	100	150	200
组 成 内 容		**单位**	**单价**	**数　　量**				
材料	镀锌三通 *DN*20×15	个	2.44	1.01	1.01	1.01	1.01	1.01
	带帽螺栓	kg	7.96	1.516	3.032	3.032	5.583	9.023
	铝牌	个	0.60	1	1	1	1	1
	密封带	m	0.98	14.818	14.818	17.762	17.762	17.762
	碳钢电焊条 E4303 *D*3.2	kg	7.59	0.426	0.463	0.564	0.687	1.477
	棉纱	kg	16.11	0.143	0.151	0.163	0.175	0.223
	破布	kg	5.07	0.08	0.08	0.12	0.12	0.12
	石棉橡胶板 低中压 δ0.8～6.0	kg	20.02	0.360	0.524	0.692	1.104	1.324
	砂轮片 *D*100	片	3.83	0.096	0.100	0.128	0.188	0.316
	砂轮片 *D*400	片	19.56	0.414	0.421	0.490	0.504	0.518
	机油	kg	7.21	0.175	0.175	0.181	0.181	0.181
	清油	kg	15.06	0.04	0.08	0.08	0.12	0.12
	铅油	kg	11.17	0.20	0.28	0.40	0.56	0.68
	零星材料费	元	—	8.42	8.95	11.17	12.15	13.37
机械	电焊条烘干箱 600×500×750	台班	27.16	0.014	0.015	0.019	0.022	0.047
	普通车床 630×2000	台班	242.35	0.016	0.024	0.026	0.032	0.036
	套丝机	台班	27.57	0.431	0.431	0.451	0.451	0.451
	交流弧焊机 32kV•A	台班	87.97	0.137	0.154	0.188	0.219	0.474
	砂轮切割机 *D*400	台班	32.78	0.174	0.175	0.187	0.194	0.198

3.温感式水幕装置安装

工作内容：部件检查、切管、套丝、上零件、管道安装、本体组装、球阀及喷头安装、调试。 **单位：**组

编号				7-17	7-18	7-19	7-20	7-21
项目				公称直径(mm以内)				
				20	25	32	40	50
预算基价	总价(元)			**188.80**	**297.47**	**386.49**	**562.53**	**732.63**
	人工费(元)			156.60	238.95	301.05	446.85	537.30
	材料费(元)			25.46	50.26	72.95	103.31	177.86
	机械费(元)			6.74	8.26	12.49	12.37	17.47
组成内容		**单位**	**单价**	**数量**				
人工	综合工	工日	135.00	1.16	1.77	2.23	3.31	3.98
材料	输出控制器 ZSPD型	个	—	(1)	(1)	(1)	(1)	(1)
	球阀 带铅封	个	—	(1.01)	(1.01)	(1.01)	(1.01)	(1.01)
	镀锌三通 *DN*20	个	2.05	1.01	—	—	—	—
	镀锌三通 *DN*25	个	3.05	—	1.01	—	—	—
	镀锌三通 *DN*32	个	5.08	—	—	1.01	—	—
	镀锌三通 *DN*40	个	6.06	—	—	—	1.01	—
	镀锌三通 *DN*50	个	8.84	—	—	—	—	1.01
	镀锌弯头 *DN*20	个	1.54	4.04	—	—	—	—
	镀锌弯头 *DN*25	个	2.24	—	4.04	—	—	—
	镀锌弯头 *DN*32	个	3.42	—	—	4.04	—	—
	镀锌弯头 *DN*40	个	4.40	—	—	—	3.03	—
	镀锌弯头 *DN*50	个	6.74	—	—	—	—	3.03
	镀锌管箍 *DN*20	个	1.12	1.01	—	—	—	—
	镀锌管箍 *DN*25	个	1.67	—	1.01	—	—	—
	镀锌管箍 *DN*32	个	2.14	—	—	1.01	—	—
	镀锌管箍 *DN*40	个	3.14	—	—	—	1.01	—
	镀锌管箍 *DN*50	个	3.99	—	—	—	—	1.01

续前

单位：组

编号			7-17	7-18	7-19	7-20	7-21
项目			公称直径(mm以内)				
			20	25	32	40	50
组成内容	**单位**	**单价**	**数量**				
材料 镀锌活接头 *DN*20	个	3.37	1.01	—	—	—	—
镀锌活接头 *DN*25	个	4.71	—	1.01	—	—	—
镀锌活接头 *DN*32	个	6.40	—	—	1.01	—	—
镀锌活接头 *DN*40	个	9.16	—	—	—	1.01	—
镀锌活接头 *DN*50	个	12.00	—	—	—	—	1.01
镀锌三通 *DN*20×15	个	2.44	1.01	—	—	—	—
镀锌三通 *DN*25×15	个	3.76	—	3.03	—	—	—
镀锌三通 *DN*32×15	个	5.77	—	—	4.04	—	—
镀锌三通 *DN*40×15	个	7.18	—	—	—	5.05	—
镀锌三通 *DN*50×15	个	11.04	—	—	—	—	7.07
镀锌弯头 *DN*20×15	个	1.88	1.01	—	—	—	—
镀锌弯头 *DN*25×15	个	2.89	—	1.01	—	1.01	—
镀锌弯头 *DN*40×15	个	5.47	—	—	—	—	1.01
镀锌弯头 *DN*40×25	个	5.57	—	—	—	1.01	—
镀锌弯头 *DN*50×40	个	8.59	—	—	—	—	1.01
密封带	m	0.98	3.942	6.200	8.736	9.046	13.568
砂轮片 *D*400	片	19.56	0.132	0.208	0.252	0.315	0.442
机油	kg	7.21	0.069	0.086	0.093	0.121	0.161
破布	kg	5.07	0.045	0.062	0.093	0.124	0.197
棉纱	kg	16.11	0.022	0.300	0.330	0.440	0.672
零星材料费	元	—	0.74	1.46	2.12	3.01	5.18
机械 砂轮切割机 *D*400	台班	32.78	0.066	0.078	0.084	0.105	0.119
套丝机	台班	27.57	0.166	0.207	0.353	0.324	0.492

4.水流指示器安装

(1)螺 纹 连 接

工作内容：外观检查、切管、套丝、上零件、临时短管安拆、主要功能检查、安装及调整。 **单位：**个

	编 号			7-22	7-23	7-24	7-25
	项 目			公称直径(mm以内)			
				50	65	80	100
预算基价	总 价(元)			**143.43**	**193.52**	**256.11**	**438.97**
	人 工 费(元)			120.15	149.85	195.75	342.90
	材 料 费(元)			21.36	41.65	57.86	92.60
	机 械 费(元)			1.92	2.02	2.50	3.47
	组 成 内 容	**单位**	**单价**	**数 量**			
人工	综合工	工日	135.00	0.89	1.11	1.45	2.54
材料	水流指示器	个	—	(1)	(1)	(1)	(1)
	镀锌活接头 *DN*50	个	12.00	1.01	—	—	—
	镀锌活接头 *DN*70	个	26.47	—	1.01	—	—
	镀锌活接头 *DN*80	个	38.05	—	—	1.01	—
	镀锌活接头 *DN*100	个	64.31	—	—	—	1.01
	镀锌管箍 *DN*50	个	3.99	0.2	—	—	—
	镀锌管箍 *DN*70	个	7.88	—	0.2	—	—
	镀锌管箍 *DN*80	个	12.72	—	—	0.2	—
	镀锌管箍 *DN*100	个	21.65	—	—	—	0.2
	镀锌六角外丝 *DN*50	个	4.71	1.01	—	—	—
	镀锌六角外丝 *DN*70	个	8.66	—	1.01	—	—
	镀锌六角外丝 *DN*80	个	11.59	—	—	1.01	—
	镀锌六角外丝 *DN*100	个	16.86	—	—	—	1.01
	密封带	m	0.98	1.504	1.912	2.240	2.864
	铝牌	个	0.60	1	1	1	1
	机油	kg	7.21	0.016	0.020	0.020	0.024
	棉纱	kg	16.11	0.03	0.03	0.03	0.03
	砂轮片 *D*400	片	19.56	0.052	0.076	0.090	0.114
机械	套丝机	台班	27.57	0.053	0.053	0.067	0.096
	砂轮切割机 *D*400	台班	32.78	0.014	0.017	0.020	0.025

(2) 法兰连接

工作内容： 外观检查、切管、坡口、对口、焊法兰、临时短管安拆、主要功能检查、安装及调整。

单位： 个

编号				7-26	7-27	7-28	7-29	7-30
项目				公称直径(mm以内)				
				50	80	100	150	200
预算基价	总价(元)			**166.18**	**233.20**	**276.64**	**401.34**	**552.91**
	人工费(元)			128.25	167.40	201.15	283.50	375.30
	材料费(元)			24.07	45.79	51.71	84.19	125.12
	机械费(元)			13.86	20.01	23.78	33.65	52.49
	组成内容	**单位**	**单价**	**数量**				
人工	综合工	工日	135.00	0.95	1.24	1.49	2.10	2.78
材料	水流指示器	个	—	(1)	(1)	(1)	(1)	(1)
	平焊法兰	个	—	(2.0)	(2.0)	(2.0)	(2.0)	(2.0)
	铝牌	个	0.60	1	1	1	1	1
	电	kW·h	0.73	0.074	0.135	0.162	0.215	0.403
	带帽螺栓	kg	7.96	1.446	3.032	3.032	5.582	9.023
	砂轮片 *D*100	片	3.83	0.068	0.100	0.128	0.188	0.316
	砂轮片 *D*400	片	19.56	0.026	0.054	0.057	0.071	0.085
	碳钢电焊条 E4303 *D*3.2	kg	7.59	0.311	0.463	0.564	0.687	1.477
	棉纱	kg	16.11	0.028	0.048	0.052	0.056	0.112
	破布	kg	5.07	0.08	0.08	0.12	0.12	0.12
	铅油	kg	11.17	0.16	0.28	0.40	0.56	0.68
	清油	kg	15.06	0.04	0.08	0.08	0.12	0.12
	石棉橡胶板 低中压 δ0.8～6.0	kg	20.02	0.276	0.524	0.692	1.104	1.324
机械	砂轮切割机 *D*400	台班	32.78	0.007	0.010	0.013	0.020	0.024
	电焊条烘干箱 600×500×750	台班	27.16	0.011	0.015	0.019	0.220	0.047
	普通车床 630×2000	台班	242.35	0.014	0.024	0.026	0.032	0.036
	交流弧焊机 32kV·A	台班	87.97	0.113	0.153	0.188	0.219	0.474

三、其他组件安装

1.减压孔板安装

工作内容：切管、焊法兰、制垫、加垫、孔板检查、二次安装。 **单位：**个

编号				7-31	7-32	7-33	7-34	7-35
项目				公称直径(mm以内)				
				50	70	80	100	150
预算基价	总价(元)			**94.07**	**102.40**	**133.86**	**157.27**	**186.11**
	人工费(元)			59.40	62.10	71.55	85.05	97.20
	材料费(元)			24.06	27.32	46.01	52.44	64.91
	机械费(元)			10.61	12.98	16.30	19.78	24.00
	组成内容	**单位**	**单价**	**数量**				
人工	综合工	工日	135.00	0.44	0.46	0.53	0.63	0.72
材料	减压孔板	个	—	(1)	(1)	(1)	(1)	(1)
	平焊法兰	个	—	(2)	(2)	(2)	(2)	(2)
	电	kW•h	0.73	0.074	0.115	0.135	0.162	0.215
	镀锌精制六角带帽螺栓 M16×(85～140)	套	3.10	4.12	4.12	8.24	8.24	8.24
	碳钢电焊条 E4303 *D*3.2	kg	7.59	0.133	0.237	0.271	0.363	0.474
	棉纱	kg	16.11	0.05	0.05	0.08	0.10	0.12
	破布	kg	5.07	0.08	0.08	0.08	0.12	0.12
	石棉橡胶板 低中压 δ0.8～6.0	kg	20.02	0.276	0.360	0.524	0.692	1.104
	砂轮片 *D*100	片	3.83	0.068	0.086	0.100	0.128	0.188
	砂轮片 *D*400	片	19.56	0.026	0.038	0.045	0.057	0.071
	清油	kg	15.06	0.04	0.04	0.08	0.08	0.12
	铅油	kg	11.17	0.16	0.20	0.28	0.40	0.56
	汽油 60#～70#	kg	6.67	0.05	0.05	0.08	0.10	0.12
机械	电焊条烘干箱 600×500×750	台班	27.16	0.008	0.010	0.011	0.014	0.017
	砂轮切割机 *D*400	台班	32.78	0.007	0.009	0.010	0.013	0.020
	普通车床 630×2000	台班	242.35	0.014	0.016	0.024	0.026	0.032
	交流弧焊机 32kV•A	台班	87.97	0.077	0.097	0.112	0.144	0.172

2.末端试水装置安装

工作内容：切管、套丝、上零件、整体组装、放水试验。　　　　**单位：**组

编号				7-36	7-37
项目				公称直径(mm以内)	
				25	32
预算基价	总价(元)			**279.71**	**302.24**
	人工费(元)			203.85	222.75
	材料费(元)			73.50	76.25
	机械费(元)			2.36	3.24
组成内容		**单位**	**单价**	**数量**	
人工	综合工	工日	135.00	1.51	1.65
材料	阀门	个	—	(1.01)	(1.01)
	镀锌钢管 *DN*15	m	6.70	0.3	0.3
	镀锌三通 *DN*25×15	个	3.76	1.01	—
	镀锌三通 *DN*32×15	个	5.77	—	1.01
	镀锌六角外丝 *DN*15	个	0.84	1.01	1.01
	密封带	m	0.98	2.108	2.600
	弹簧压力表 0～1.6MPa	块	48.67	1	1
	压力表气门 QZ-2*D*6	个	11.88	1	1
	棉纱	kg	16.11	0.041	0.041
	机油	kg	7.21	0.024	0.024
	砂轮片 *D*400	片	19.56	0.064	0.072
	零星材料费	元	—	2.14	2.22
机械	套丝机	台班	27.57	0.057	0.089
	砂轮切割机 *D*400	台班	32.78	0.024	0.024

3.集热板制作、安装

工作内容：画线、下料、加工、支架制作及安装、整体安装固定。 **单位：**个

	编号			7-38
	项目			集热板制作、安装
预算基价	总价(元)			**88.00**
	人工费(元)			76.95
	材料费(元)			10.89
	机械费(元)			0.16
	组成内容	**单位**	**单价**	**数量**
人工	综合工	工日	135.00	0.57
材料	镀锌薄钢板 δ0.5	m^2	18.42	0.28
	热轧扁钢 30×3	t	3639.10	0.00071
	膨胀螺栓 M8	套	0.55	2.06
	精制六角带帽螺栓 M12×55	套	0.98	2.06
机械	台式钻床 $D16$	台班	4.27	0.01
	电锤	台班	3.51	0.033

四、消火栓安装

1.室外消火栓安装

(1)室外地下式消火栓

工作内容：管口除沥青、制垫、加垫、紧螺栓、消火栓安装。 **单位：**套

编号				7-39	7-40	7-41	7-42	7-43	7-44
项目				1.0MPa			1.6MPa		
				浅型	深Ⅰ型	深Ⅱ型	浅型	深Ⅰ型	深Ⅱ型
预算基价	总价(元)			**94.44**	**94.44**	**107.06**	**202.38**	**202.38**	**107.06**
	人工费(元)			89.10	89.10	89.10	126.90	126.90	89.10
	材料费(元)			5.34	5.34	17.96	69.04	69.04	17.96
	机械费(元)			—	—	—	6.44	6.44	—
组成内容		**单位**	**单价**	**数量**					
人工	综合工	工日	135.00	0.66	0.66	0.66	0.94	0.94	0.66
材料	地下式消火栓	套	—	(1)	(1)	(1)	(1)	(1)	(1)
	石棉绒（综合）	kg	12.32	0.123	0.123	—	—	—	—
	黑玛钢丝堵 *DN*15	个	0.60	1.01	1.01	1.01	1.01	1.01	1.01
	硅酸盐水泥 42.5级	kg	0.41	0.47	0.47	—	—	—	—
	油麻	kg	16.48	0.12	0.12	—	—	—	—
	乙炔气	kg	14.66	0.034	0.034	—	0.052	0.052	—
	氧气	m^3	2.88	0.103	0.103	—	0.157	0.157	—
	破布	kg	5.07	0.05	0.05	0.03	0.03	0.03	0.03
	精制六角带帽螺栓 M16×(65～80)	套	1.47	—	—	8.24	8.24	8.24	8.24
	棉纱	kg	16.11	—	—	0.013	0.013	0.013	0.013
	石棉橡胶板 低中压 δ0.8～6.0	kg	20.02	—	—	0.173	0.173	0.173	0.173
	清油	kg	15.06	—	—	0.02	0.02	0.02	0.02
	铅油	kg	11.17	—	—	0.1	0.1	0.1	0.1
	钢板平焊法兰 1.6MPa *DN*100	个	48.19	—	—	—	1	1	—
	碳钢电焊条 E4303 *D*3.2	kg	7.59	—	—	—	0.221	0.221	—
机械	电焊条烘干箱 600×500×750	台班	27.16	—	—	—	0.007	0.007	—
	交流弧焊机 32kV·A	台班	87.97	—	—	—	0.071	0.071	—

（2）室外地上式消火栓

工作内容： 管口除沥青、制垫、加垫、紧螺栓、消火栓安装。　　　　**单位：** 套

编号				7-45	7-46	7-47	7-48	7-49	7-50	7-51	7-52
项目				1.0MPa				1.6MPa			
				浅100型	深100型	浅150型	深150型	浅100型	深100型	浅150型	深150型
预算基价	总价(元)			**120.09**	**140.34**	**170.86**	**191.11**	**228.03**	**249.63**	**345.70**	**365.95**
	人工费(元)			114.75	135.00	163.35	183.60	152.55	174.15	202.50	222.75
	材料费(元)			5.34	5.34	7.51	7.51	69.04	69.04	133.22	133.22
	机械费(元)			—	—	—	—	6.44	6.44	9.98	9.98
组成内容		**单位**	**单价**	**数量**							
人工	综合工	工日	135.00	0.85	1.00	1.21	1.36	1.13	1.29	1.50	1.65
材料	地上式消火栓	套	—	(1)	(1)	(1)	(1)	(1)	(1)	(1)	(1)
	石棉绒（综合）	kg	12.32	0.123	0.123	0.182	0.182	—	—	—	—
	硅酸盐水泥 42.5级	kg	0.41	0.47	0.47	0.68	0.68	—	—	—	—
	黑玛钢丝堵 *DN*15	个	0.60	1.01	1.01	1.01	1.01	1.01	1.01	1.01	1.01
	氧气	m^3	2.88	0.103	0.103	0.172	0.172	0.157	0.157	0.247	0.247
	乙炔气	kg	14.66	0.034	0.034	0.057	0.057	0.052	0.052	0.082	0.082
	油麻	kg	16.48	0.12	0.12	0.17	0.17	—	—	—	—
	破布	kg	5.07	0.05	0.05	0.05	0.05	0.03	0.03	0.03	0.03
	钢板平焊法兰 1.6MPa *DN*100	个	48.19	—	—	—	—	1	1	—	—
	钢板平焊法兰 1.6MPa *DN*150	个	79.27	—	—	—	—	—	—	1	1
	精制六角带帽螺栓 M16×(65～80)	套	1.47	—	—	—	—	8.24	8.24	—	—
	镀锌精制六角带帽螺栓 M20×(85～100)	套	5.00	—	—	—	—	—	—	8.24	8.24
	碳钢电焊条 E4303 *D*3.2	kg	7.59	—	—	—	—	0.221	0.221	0.290	0.290
	铅油	kg	11.17	—	—	—	—	0.10	0.10	0.14	0.14
	石棉橡胶板 低中压 δ0.8～6.0	kg	20.02	—	—	—	—	0.173	0.173	0.280	0.280
	清油	kg	15.06	—	—	—	—	0.02	0.02	0.03	0.03
	棉纱	kg	16.11	—	—	—	—	0.013	0.013	0.016	0.016
机械	交流弧焊机 32kV·A	台班	87.97	—	—	—	—	0.071	0.071	0.110	0.110
	电焊条烘干箱 600×500×750	台班	27.16	—	—	—	—	0.007	0.007	0.011	0.011

2.室内消火栓安装

工作内容：预留孔洞、切管、套丝、箱体及消火栓安装、附件检查安装、水压试验。 **单位：**套

编号				7-53	7-54
项目				公称直径65mm以内	
				单栓	双栓
预算基价	总价(元)			**143.73**	**180.89**
	人工费(元)			126.90	162.00
	材料费(元)			16.18	17.82
	机械费(元)			0.65	1.07
组成内容		**单位**	**单价**	**数量**	
人工	综合工	工日	135.00	0.94	1.20
材料	室内消火栓	套	—	(1)	(1)
	木材 一级红白松	m^3	3396.72	0.003	0.003
	密封带	m	0.98	1.68	2.24
	水泥 32.5级	kg	0.36	1.43	1.43
	棉纱	kg	16.11	0.10	0.15
	砂轮片 *D*400	片	19.56	0.038	0.045
	零星材料费	元	—	1.47	1.62
机械	套丝机	台班	27.57	0.013	0.022
	砂轮切割机 *D*400	台班	32.78	0.009	0.014

五、消防水泵接合器

工作内容：切管、焊法兰、制垫、加垫、紧螺栓、整体安装、充水试验。 **单位：**套

编号				7-55	7-56	7-57	7-58	7-59	7-60
项目				地下式		地上式		墙壁式	
				100	150	100	150	100	150
预算基价	总价(元)			**347.46**	**504.47**	**405.31**	**589.75**	**447.21**	**668.11**
	人工费(元)			238.95	290.25	282.15	328.05	322.65	405.00
	材料费(元)			98.50	199.71	113.15	247.19	114.55	248.60
	机械费(元)			10.01	14.51	10.01	14.51	10.01	14.51
	组成内容	**单位**	**单价**	**数量**					
人工	综合工	工日	135.00	1.77	2.15	2.09	2.43	2.39	3.00
材料	消防水泵接合器	套	—	(1)	(1)	(1)	(1)	(1)	(1)
	镀锌钢管 *DN*25	m	12.56	0.4	0.4	0.2	0.2	—	—
	精制六角带帽螺栓 M16×(65～80)	套	1.47	16.48	—	24.72	—	24.72	—
	镀锌精制六角带帽螺栓 M20×(85～100)	套	5.00	—	16.48	—	24.72	—	24.72
	钢板平焊法兰 1.6MPa *DN*100	个	48.19	1	—	1	—	1	—
	钢板平焊法兰 1.6MPa *DN*150	个	79.27	—	1	—	1	—	1
	电	kW•h	0.73	0.162	0.215	0.162	0.215	0.162	0.215
	碳钢电焊条 E4303 *D*3.2	kg	7.59	0.221	0.290	0.221	0.290	0.221	0.290
	破布	kg	5.07	0.03	0.03	0.03	0.03	0.03	0.03
	棉纱	kg	16.11	0.013	0.016	0.013	0.016	0.013	0.016
	清油	kg	15.06	0.06	0.09	0.08	0.12	0.08	0.12
	铅油	kg	11.17	0.30	0.42	0.40	0.56	0.40	0.56
	石棉橡胶板 低中压 δ0.8～6.0	kg	20.02	0.52	0.83	0.68	1.10	0.68	1.10
	砂轮片 *D*100	片	3.83	0.066	0.097	0.066	0.097	0.066	0.097
	砂轮片 *D*400	片	19.56	0.057	0.071	0.057	0.071	0.057	0.071
	膨胀螺栓 M(6～12)×(50～120)	套	0.94	—	—	—	—	4.12	4.12
	零星材料费	元	—	2.87	5.82	3.30	7.20	3.34	7.24
机械	电焊条烘干箱 600×500×750	台班	27.16	0.007	0.011	0.007	0.011	0.007	0.011
	交流弧焊机 32kV•A	台班	87.97	0.071	0.110	0.071	0.110	0.071	0.110
	砂轮切割机 *D*400	台班	32.78	0.013	0.020	0.013	0.020	0.013	0.020
	普通车床 630×2000	台班	242.35	0.013	0.016	0.013	0.016	0.013	0.016

六、灭火器安装

工作内容：外观检查，压力表检查，灭火器及箱体搬运、就位等。

	编号			7-61	7-62
	项目			手提式 （具）	推车式 （组）
预算基价	总价（元）			**1.46**	**5.50**
	人工费（元）			1.35	5.40
	材料费（元）			0.10	0.10
	机械费（元）			0.01	—
	组成内容	**单位**	**单价**	**数量**	
人工	综合工	工日	135.00	0.01	0.04
材料	灭火器	个	—	(1.000)	—
	推车式灭火器	组	—	—	(1.000)
	棉纱	kg	16.11	0.006	0.006
机械	手动液压叉车	台班	12.09	0.001	—

七、超细干粉灭火装置安装

工作内容：外观检查、栽(埋)螺栓、固定、调试。 **单位**：套

编号				7-63	7-64	7-65
项目				悬挂式	壁挂式	落地式
预算基价	总价(元)			**36.86**	**50.77**	**39.45**
	人工费(元)			33.75	44.55	27.00
	材料费(元)			3.11	6.22	12.45
组成内容		**单位**	**单价**	**数量**		
人工	综合工	工日	135.00	0.25	0.33	0.20
材料	冲击钻头 $D8\sim16$	个	6.92	0.122	0.244	0.488
	水泥砂浆 1:2.5	m^3	323.89	0.007	0.014	0.028

八、电控式消防水炮安装

工作内容： 外观检查、切管、压槽、法兰连接、水炮安装、本体调试。

单位： 台

编号				7-66	7-67	7-68	7-69
项目				进口口径(mm以内)			模拟末端试水装置
				50	80	100	50
预算基价	总价(元)			**174.67**	**227.70**	**298.98**	**137.25**
	人工费(元)			116.10	147.15	186.30	81.00
	材料费(元)			56.33	78.18	110.31	54.01
	机械费(元)			2.24	2.37	2.37	2.24
组成内容		**单位**	**单价**	**数量**			
人工	综合工	工日	135.00	0.86	1.09	1.38	0.60
材料	消防水炮	套	—	(1.000)	(1.000)	(1.000)	—
	模拟末端试水装置	套	—	—	—	—	(1.000)
	沟槽法兰 (1.6MPa 以下) 50	片	22.18	2.000	—	—	2.000
	沟槽法兰 (1.6MPa 以下) 80	片	29.08	—	2.000	—	—
	沟槽法兰 (1.6MPa 以下) 100	片	44.08	—	—	2.000	—
	镀锌六角螺栓带螺母 2平垫1弹垫 M16×100以内	10套	7.66	0.824	1.648	1.648	0.824
	尼龙砂轮片 *D*400	片	15.64	0.040	0.040	0.040	0.040
	石棉橡胶板 低压 δ0.8～6.0	kg	19.35	0.260	0.350	0.460	0.140
机械	电动葫芦 单速 2t	台班	31.60	0.050	0.050	0.050	0.050
	滚槽机	台班	26.24	0.025	0.030	0.030	0.025

九、自动喷水灭火系统管网水冲洗

工作内容： 准备工具和材料、制堵盲板、装拆临时管线、通水冲洗、检查、清理现场。 **单位：** 100m

编号				7-70	7-71	7-72	7-73	7-74	7-75
项目				公称直径(mm以内)					
				50	70	80	100	150	200
预算基价	总价(元)			**475.03**	**583.50**	**656.07**	**798.63**	**1350.83**	**1915.92**
	人工费(元)			341.55	375.30	375.30	375.30	459.00	459.00
	材料费(元)			123.92	197.94	270.17	411.33	877.05	1436.57
	机械费(元)			9.56	10.26	10.60	12.00	14.78	20.35
	组成内容	**单位**	**单价**	**数量**					
人工	综合工	工日	135.00	2.53	2.78	2.78	2.78	3.40	3.40
材料	水	m^3	7.62	9.0	18.0	27.0	45.0	104.4	176.4
	普碳钢板 δ12～20	t	3626.36	0.0037	0.0041	0.0041	0.0041	0.0046	0.0046
	螺栓	套	1.51	3.2	3.7	4.2	4.7	7.6	10.5
	阀门 *DN*50	个	100.89	0.1	0.1	0.1	0.1	0.1	0.1
	平焊法兰 *DN*50	个	19.18	0.1	0.1	0.1	0.1	0.1	0.1
	热轧一般无缝钢管 *D*50	m	20.99	0.1	0.1	0.1	0.1	0.1	0.1
	橡胶软管 *DN*50	m	11.86	0.8	0.8	0.8	0.8	0.8	0.8
	碳钢电焊条 E4303 *D*3.2	kg	7.59	0.2	0.2	0.2	0.2	0.2	0.2
	氧气	m^3	2.88	0.15	0.20	0.25	0.30	0.39	0.46
	乙炔气	kg	14.66	0.05	0.07	0.08	0.10	0.13	0.15
	石棉橡胶板 低中压 δ0.8～6.0	kg	20.02	0.54	0.68	0.81	0.95	1.26	1.56
机械	电动单级离心清水泵 *D*100	台班	34.80	0.02	0.04	0.05	0.09	0.17	0.33
	交流弧焊机 32kV·A	台班	87.97	0.1	0.1	0.1	0.1	0.1	0.1
	立式钻床 *D*25	台班	6.78	0.01	0.01	0.01	0.01	0.01	0.01

第二章　气体灭火系统

说　明

一、本章适用范围：二氧化碳灭火系统、卤代烷1211灭火系统和卤代烷1301灭火系统中的管道、管件、系统组件、无管网气体灭火装置等的安装。

二、其他应注意的问题：

1.本章基价中的无缝钢管、钢制管件、选择阀安装及系统组件试验等均适用于卤代烷1211、1301灭火系统，二氧化碳灭火系统按卤代烷灭火系统相应安装基价乘以系数1.20。

2.螺纹连接的不锈钢管、铜管及管件安装时，按无缝钢管和钢制管件安装相应子目乘以系数1.20。

3.无缝钢管和钢制管件内外镀锌及场外运输费用另行计算。

4.气体驱动装置管道安装子目包括卡套连接件的安装，其本身价值按设计用量另行计算。

5.贮存装置安装，基价中包括灭火剂贮存容器和驱动器瓶的安装固定，支架及框架安装，系统组件（集流管、容器阀、单向阀、高压软管）、安全阀等贮存装置和驱动装置的安装及氮气增压。如二氧化碳贮存装置安装时不需增压，执行基价时扣除高纯氮气，其余不变。

工程量计算规则

一、气体灭火系统管道依据不同的灭火介质、管道材质、规格、连接方式,按设计图示管道中心线长度以延长米计算,不扣除阀门、管件及各种组件所占长度。

二、钢制管件依据不同的规格,按设计图示数量计算。

三、选择阀依据不同的材质、规格、连接方式,按设计图示数量计算。

四、气体喷头依据不同的型号、规格,按设计图示数量计算。

五、贮存装置依据不同的容器规格,按设计图示数量计算(包括灭火剂存储器、驱动气瓶、支框架、集流阀、容器阀、单向阀、高压软管和安全阀等贮存装置和阀门驱动装置)。

六、二氧化碳称重检漏装置依据不同的规格按设计图示数量计算(包括泄漏开关、配重、支架等)。

七、系统组件试验按设计图示数量计算。

八、无管网气体灭火装置依据不同的容器规格,按设计图示数量计算。

一、管 道 安 装

1.气体灭火系统无缝钢管(螺纹连接)

工作内容：切管、调直、车丝、清洗、镀锌后调直、管口连接、管道安装。 **单位：**10m

编 号				7-76	7-77	7-78	7-79	7-80	7-81	7-82	7-83
项 目				公称直径(mm以内)							
				15	20	25	32	40	50	70	80
预算基价	总 价(元)			**129.61**	**135.16**	**143.11**	**175.55**	**187.42**	**194.64**	**238.07**	**269.02**
	人 工 费(元)			101.25	105.30	109.35	128.25	136.35	143.10	182.25	211.95
	材 料 费(元)			2.76	2.81	3.32	3.53	4.08	4.55	5.58	6.83
	机 械 费(元)			25.60	27.05	30.44	43.77	46.99	46.99	50.24	50.24
组 成 内 容		**单位**	**单价**	**数 量**							
人工	综合工	工日	135.00	0.75	0.78	0.81	0.95	1.01	1.06	1.35	1.57
材料	无缝钢管	m	—	(10.20)	(10.20)	(10.20)	(10.20)	(10.20)	(10.20)	(10.20)	(10.20)
	砂轮片 *D*400	片	19.56	0.017	0.020	0.030	0.030	0.035	0.043	0.064	0.075
	棉纱	kg	16.11	0.050	0.050	0.050	0.058	0.058	0.067	0.067	0.084
	工业酒精 99.5%	kg	7.42	0.017	0.017	0.020	0.020	0.020	0.025	0.025	0.033
	厌氧胶 200g	瓶	12.16	0.100	0.100	0.120	0.120	0.149	0.149	0.194	0.237
	汽油 100#	kg	8.11	0.034	0.034	0.040	0.050	0.062	0.078	0.087	0.109
机械	砂轮切割机 *D*400	台班	32.78	0.012	0.012	0.012	0.012	0.014	0.014	0.017	0.017
	普通车床 630×2000	台班	242.35	0.104	0.110	0.124	0.179	0.192	0.192	0.205	0.205

2.气体灭火系统无缝钢管(法兰连接)

工作内容:切管、调直、坡口、对口、焊接、法兰连接、管件及管道预装及安装。 **单位:**10m

编号				7-84	7-85
项目				公称直径(mm以内)	
				100	150
预算基价	总价(元)			**1474.33**	**1721.14**
	人工费(元)			1132.65	1287.90
	材料费(元)			127.75	207.34
	机械费(元)			213.93	225.90
	组成内容	**单位**	**单价**	**数量**	
人工	综合工	工日	135.00	8.39	9.54
材料	无缝钢管	m	—	(9.92)	(9.81)
	砂轮片 $D100$	片	3.83	1.863	2.388
	电	kW·h	0.73	3.323	5.998
	棉纱	kg	16.11	0.125	0.147
	碳钢电焊条 E4303 $D3.2$	kg	7.59	6.538	12.497
	乙炔气	kg	14.66	0.754	1.063
	氧气	m^3	2.88	2.261	3.189
	破布	kg	5.07	0.287	0.276
	清油	kg	15.06	0.19	0.28
	铅油	kg	11.17	0.958	1.290
	石棉橡胶板 低中压 $\delta0.8\sim6.0$	kg	20.02	1.657	2.536
	塑料布	m^2	1.96	0.406	0.527
机械	电焊条烘干箱 600×500×750	台班	27.16	0.236	0.249
	交流弧焊机 32kV·A	台班	87.97	2.359	2.491

3.钢制管件(螺纹连接)

工作内容：切管、调直、车丝、清洗、镀锌后调直、管件连接。 **单位：**10个

编号				7-86	7-87	7-88	7-89	7-90	7-91	7-92	7-93
项目				公称直径(mm以内)							
				15	20	25	32	40	50	70	80
预算基价	总价(元)			**386.42**	**401.90**	**449.59**	**587.85**	**665.02**	**667.84**	**750.54**	**812.11**
	人工费(元)			217.35	222.75	248.40	305.10	359.10	359.10	415.80	469.80
	材料费(元)			16.45	16.84	19.49	21.08	24.46	27.28	33.31	40.88
	机械费(元)			152.62	162.31	181.70	261.67	281.46	281.46	301.43	301.43
组成内容		**单位**	**单价**	**数量**							
人工	综合工	工日	135.00	1.61	1.65	1.84	2.26	2.66	2.66	3.08	3.48
材料	钢制管件	个	—	(10.1)	(10.1)	(10.1)	(10.1)	(10.1)	(10.1)	(10.1)	(10.1)
	棉纱	kg	16.11	0.30	0.30	0.30	0.35	0.35	0.40	0.40	0.50
	工业酒精 99.5%	kg	7.42	0.10	0.10	0.10	0.12	0.12	0.15	0.15	0.20
	砂轮片 *D*400	片	19.56	0.10	0.12	0.16	0.18	0.21	0.26	0.38	0.45
	厌氧胶 200g	瓶	12.16	0.60	0.60	0.72	0.72	0.89	0.89	1.16	1.42
	汽油 $100^{\#}$	kg	8.11	0.20	0.20	0.25	0.28	0.37	0.47	0.52	0.65
机械	砂轮切割机 *D*400	台班	32.78	0.072	0.072	0.072	0.072	0.084	0.084	0.102	0.102
	普通车床 630×2000	台班	242.35	0.62	0.66	0.74	1.07	1.15	1.15	1.23	1.23

4.气体驱动装置管道安装

工作内容：切管、揻弯、安装、固定、调整、卡套连接。　　　　**单位：**10m

编号				7-94	7-95
项目				管外径(mm以内)	
				10	14
预算基价	总价(元)			**178.33**	**208.03**
	人工费(元)			148.50	178.20
	材料费(元)			28.84	28.84
	机械费(元)			0.99	0.99
组成内容		**单位**	**单价**	**数量**	
人工	综合工	工日	135.00	1.10	1.32
材料	紫铜管	m	—	(10.30)	(10.30)
	镀锌管卡子 15	个	0.98	17.17	17.17
	金属膨胀螺栓 M8×80	套	0.66	17.170	17.170
	破布	kg	5.07	0.05	0.05
	铁砂布 0#～2#	张	1.15	0.30	0.30
	锯条	根	0.42	0.20	0.20
机械	电锤	台班	3.51	0.283	0.283

二、系统组件安装

1.选择阀安装

(1)螺纹连接

工作内容：外观检查、切管、车丝、活接头及阀门安装。　　　　**单位：**个

编号				7-96	7-97	7-98	7-99	7-100	7-101
项目				公称直径(mm以内)					
				25	32	40	50	65	80
预算基价	总价(元)			**59.94**	**66.98**	**92.70**	**93.05**	**120.56**	**148.69**
	人工费(元)			47.25	49.95	74.25	74.25	99.90	126.90
	材料费(元)			3.49	3.71	4.13	4.48	5.31	6.44
	机械费(元)			9.20	13.32	14.32	14.32	15.35	15.35
组成内容		**单位**	**单价**	**数量**					
人工	综合工	工日	135.00	0.35	0.37	0.55	0.55	0.74	0.94
材料	选择阀	个	—	(1)	(1)	(1)	(1)	(1)	(1)
	钢制活接头	个	—	(1.01)	(1.01)	(1.01)	(1.01)	(1.01)	(1.01)
	砂轮片 *D*400	片	19.56	0.019	0.022	0.025	0.031	0.046	0.054
	铝牌	个	0.60	1	1	1	1	1	1
	棉纱	kg	16.11	0.045	0.053	0.053	0.060	0.060	0.075
	工业酒精 99.5%	kg	7.42	0.02	0.02	0.02	0.02	0.02	0.03
	厌氧胶 200g	瓶	12.16	0.11	0.11	0.13	0.13	0.17	0.21
	汽油 100#	kg	8.11	0.038	0.042	0.056	0.071	0.078	0.098
机械	砂轮切割机 *D*400	台班	32.78	0.007	0.007	0.008	0.008	0.010	0.010
	普通车床 630×2000	台班	242.35	0.037	0.054	0.058	0.058	0.062	0.062

(2)法 兰 连 接

工作内容：外观检查、切管、坡口、对口、焊法兰、阀门安装。 **单位：**个

编号				7-102
项目				公称直径(mm以内)
				100
预算基价	总价(元)			**250.37**
	人工费(元)			176.85
	材料费(元)			67.08
	机械费(元)			6.44
组成内容		**单位**	**单价**	**数量**
人工	综合工	工日	135.00	1.31
材料	选择阀	个	—	(1)
	中压法兰	个	—	(2)
	砂轮片 *D*100	片	3.83	0.184
	铝牌	个	0.60	1
	电	kW·h	0.73	0.162
	带帽螺栓	kg	7.96	6.448
	棉纱	kg	16.11	0.026
	碳钢电焊条 E4303 *D*3.2	kg	7.59	0.286
	乙炔气	kg	14.66	0.072
	氧气	m^3	2.88	0.215
	破布	kg	5.07	0.06
	清油	kg	15.06	0.04
	铅油	kg	11.17	0.2
	石棉橡胶板 低中压 δ0.8～6.0	kg	20.02	0.346
机械	电焊条烘干箱 600×500×750	台班	27.16	0.007
	交流弧焊机 32kV·A	台班	87.97	0.071

2.气体喷头安装

工作内容：切管、调直、车丝、管件及喷头安装、配合水压试验安拆丝堵、喷头外观清洁。

单位：10个

编号				7-103	7-104	7-105	7-106	7-107
项目				公称直径(mm以内)				
				15	20	25	32	40
预算基价	总价(元)			**388.78**	**397.04**	**459.55**	**553.35**	**751.22**
	人工费(元)			294.30	297.00	346.95	403.65	583.20
	材料费(元)			16.99	17.70	20.57	22.53	25.92
	机械费(元)			77.49	82.34	92.03	127.17	142.10
组成内容		**单位**	**单价**	**数量**				
人工	综合工	工日	135.00	2.18	2.20	2.57	2.99	4.32
材料	喷头	个	—	(10.1)	(10.1)	(10.1)	(10.1)	(10.1)
	钢制丝堵	个	—	(1)	(1)	(1)	(1)	(1)
	管件	个	—	(10.1)	(10.1)	(10.1)	(10.1)	(10.1)
	密封带	m	0.98	1.38	1.70	2.14	2.64	3.02
	棉纱	kg	16.11	0.30	0.30	0.30	0.35	0.35
	工业酒精 99.5%	kg	7.42	0.10	0.10	0.10	0.12	0.12
	砂轮片 *D*400	片	19.56	0.10	0.12	0.16	0.18	0.21
	厌氧胶 200g	瓶	12.16	0.60	0.60	0.72	0.72	0.89
	汽油 100#	kg	8.11	0.100	0.100	0.125	0.140	0.185
机械	砂轮切割机 *D*400	台班	32.78	0.072	0.072	0.072	0.072	0.084
	普通车床 630×2000	台班	242.35	0.310	0.330	0.370	0.515	0.575

3. 贮存装置安装

工作内容：外观检查、搬运、称重、支架及框架安装、系统组件安装、阀驱动装置安装、氮气增压。 **单位：**套

编号				7-108	7-109	7-110	7-111	7-112	7-113
项目				贮存容器规格（L）					
				4	40	70	90	155	270
预算基价	总价（元）			**358.51**	**720.70**	**1028.95**	**1188.70**	**1822.18**	**2889.53**
	人工费（元）			334.80	679.05	976.05	1124.55	1733.40	2772.90
	材料费（元）			23.47	41.41	52.66	63.91	88.54	116.39
	机械费（元）			0.24	0.24	0.24	0.24	0.24	0.24
组成内容		单位	单价	数量					
人工	综合工	工日	135.00	2.48	5.03	7.23	8.33	12.84	20.54
材料	减压阀 GA48Y-16C *DN*100	个	—	(0.02)	(0.02)	(0.02)	(0.02)	(0.02)	(0.02)
	高纯氮气 40L	瓶	20.45	0.25	1.00	1.50	2.00	3.00	4.00
	压力表 YBS-WS 25MPa	套	61.22	0.04	0.04	0.04	0.04	0.04	0.04
	膨胀螺栓 M12×100	套	1.81	4.12	4.12	4.12	4.12	4.12	4.12
	精制六角带帽螺栓 M16×(65～80)	套	1.47	2.1	2.1	2.1	2.1	2.1	2.1
	铝牌	个	0.60	1	1	1	1	1	1
	环氧胶 200g	瓶	12.16	0.16	0.24	0.24	0.24	0.40	0.80
	冲击钻头 *D*14	个	8.58	0.08	0.08	0.08	0.08	0.08	0.08
	零星材料费	元	—	2.13	3.76	4.79	5.81	8.05	10.58
机械	电锤	台班	3.51	0.067	0.067	0.067	0.067	0.067	0.067

三、二氧化碳称重检漏装置安装

工作内容：开箱检查、组合装配、安装、固定、试动调整。 **单位：**套

编号				7-114
项目				二氧化碳称重检漏装置
预算基价	总价(元)			**257.88**
	人工费(元)			249.75
	材料费(元)			8.13
组成内容		单位	单价	数量
人工	综合工	工日	135.00	1.85
材料	半圆头镀锌螺栓 M(6～12)×(22～80)	套	0.42	4.12
	精制六角带帽螺栓 M10×35	套	0.89	4.12
	铝牌	个	0.60	1
	破布	kg	5.07	0.1
	汽油 100#	kg	8.11	0.2

四、系统组件试验

工作内容：准备工具和材料、装拆临时管线、灌水加压、充氮气、停压检查、放水、泄压、清理及烘干、封口。 **单位：**个

	编　　号			7-115	7-116
	项　　目			水压强度试验	气压严密性试验
预算基价	总　　价(元)			**32.41**	**42.27**
	人 工 费(元)			20.25	29.70
	材 料 费(元)			8.62	9.93
	机 械 费(元)			3.54	2.64
组 成 内 容		**单位**	**单价**	**数　　量**	
人工	综合工	工日	135.00	0.15	0.22
材料	减压阀 GA48Y-16C *DN*100	个	—	—	(0.02)
	压力表 Y-100 0～6MPa	块	45.43	0.02	—
	压力表 YBS-WS 25MPa	套	61.22	—	0.04
	压力表补芯	个	1.32	0.02	—
	普碳钢板 Q195～Q235 δ20	t	4006.16	0.0002	0.0002
	螺栓	套	1.51	2.5	2.5
	热轧一般无缝钢管 *D*22×2.5	m	6.19	0.01	0.01
	螺纹截止阀 J11T-16 *DN*15	个	12.12	0.02	—
	输水软管 *D*25	m	6.02	0.02	—
	温度计	支	16.74	0.02	—
	碳钢电焊条 E4303 *D*3.2	kg	7.59	0.165	0.165
	乙炔气	kg	14.66	0.047	0.047
	氧气	m^3	2.88	0.141	0.141
	水	m^3	7.62	—	0.01
	塑料布	m^2	1.96	—	0.12
	氮气	m^3	3.68	—	0.05
机械	试压泵 60MPa	台班	24.94	0.036	—
	交流弧焊机 32kV·A	台班	87.97	0.03	0.03

五、无管网气体灭火装置安装

工作内容：外观检查、气体瓶柜安装、系统组件安装、阀驱动装置安装。

单位：套

编号				7-117	7-118	7-119	7-120	7-121
项目				贮存容器容积(L以内)				
				40	70	90	150	240
预算基价	总价(元)			**291.05**	**618.72**	**929.22**	**1023.72**	**1700.66**
	人工费(元)			280.80	607.50	918.00	1012.50	1687.50
	材料费(元)			4.20	5.17	5.17	5.17	7.11
	机械费(元)			6.05	6.05	6.05	6.05	6.05
组成内容		**单位**	**单价**	**数量**				
人工	综合工	工日	135.00	2.08	4.50	6.80	7.50	12.50
材料	镀锌六角螺栓带螺母 2平垫1弹垫 M16×100以内	10套	7.66	0.206	0.206	0.206	0.206	0.206
	铝牌	个	0.60	1.000	1.000	1.000	1.000	1.000
	膨胀螺栓 M12	套	1.75	0.041	0.041	0.041	0.041	0.041
	环氧胶 200g	瓶	12.16	0.160	0.240	0.240	0.240	0.400
机械	手动液压叉车	台班	12.09	0.500	0.500	0.500	0.500	0.500

第三章　泡沫灭火系统

说　明

一、本章适用范围：高、中、低倍数固定式或半固定式泡沫灭火系统的发生器及泡沫比例混合器安装。

二、泡沫灭火系统的管道、管件、法兰、阀门、管道支架等的安装及管道系统水冲洗、强度试验、严密性试验等参照本基价第六册《工业管道工程》DBD 29-306-2020 相应子目。

三、泡沫喷淋系统的管道、组件、气压水罐等安装参照本册第二章相应子目。

四、油罐上安装的泡沫发生器及化学泡沫室参照本基价第五册《静置设备与工艺金属结构制作安装工程》DBD 29-305-2020 相应子目。

五、泡沫液充装是按生产厂在施工现场充装考虑的，若由施工单位充装时，可另行计算。

六、泡沫灭火系统调试应按批准的施工方案另行计算。

工程量计算规则

一、泡沫发生器依据不同的形式(水轮机式、电动机式)、型号、规格,按设计图示数量计算。

二、泡沫比例混合器依据不同的类型、型号、规格,按设计图示数量计算。

一、泡沫发生器安装

工作内容：开箱检查、整体吊装、找正、找平、安装固定、切管、焊法兰、调试。 **单位：**台

编号				7-122	7-123	7-124	7-125	7-126
项目				水轮机式			电动机式	
				PFS3	PF4、PFS4	PFS10	PF20	BGP-200
预算基价	总价(元)			**303.38**	**344.69**	**901.94**	**1561.68**	**440.80**
	人工费(元)			279.45	319.95	710.10	1290.60	414.45
	材料费(元)			15.94	16.75	72.16	102.57	18.36
	机械费(元)			7.99	7.99	119.68	168.51	7.99
组成内容		**单位**	**单价**	**数量**				
人工	综合工	工日	135.00	2.07	2.37	5.26	9.56	3.07
材料	泡沫发生器	台	—	(1)	(1)	(1)	(1)	(1)
	平焊法兰	个	—	(1)	(1)	(1)	(1)	(1)
	低压盲板	kg	6.65	0.361	0.361	0.361	0.361	0.361
	碳钢电焊条 E4303 *D*3.2	kg	7.59	0.221	0.221	0.720	1.160	0.221
	乙炔气	kg	14.66	0.05	0.05	0.12	0.14	0.05
	氧气	m^3	2.88	0.15	0.15	0.36	0.42	0.15
	棉纱	kg	16.11	0.05	0.10	0.30	0.50	0.20
	清油	kg	15.06	0.04	0.04	0.04	0.04	0.04
	石棉橡胶板 低中压 δ0.8～6.0	kg	20.02	0.34	0.34	0.34	0.34	0.34
	砂轮片 *D*100	片	3.83	0.066	0.066	0.066	0.066	0.066
	铅油	kg	11.17	0.2	0.2	0.2	0.2	0.2
	钢板垫板	t	4954.18	—	—	0.00944	0.01416	—
机械	电焊条烘干箱 600×500×750	台班	27.16	0.009	0.009	0.034	0.056	0.009
	交流弧焊机 32kV·A	台班	87.97	0.088	0.088	0.338	0.558	0.088
	载货汽车 4t	台班	417.41	—	—	0.09	0.10	—
	卷扬机 单筒慢速 30kN	台班	205.84	—	—	0.25	0.37	—

二、泡沫比例混合器安装

1.压力储罐式泡沫比例混合器安装

工作内容：开箱检查、整体吊装、找正、找平、安装固定、切管、焊法兰、调试。 **单位：**台

	编　号			7-127	7-128	7-129	7-130
	项　目			型号			
				PHY32/30	PHY48/55	PHY64/76	PHY72/110
预算基价	总　价(元)			**1872.58**	**2304.56**	**2735.27**	**3410.68**
	人　工　费(元)			1462.05	1794.15	2112.75	2538.00
	材　料　费(元)			242.37	307.57	414.24	561.84
	机　械　费(元)			168.16	202.84	208.28	310.84
	组 成 内 容	**单位**	**单价**	**数　量**			
人工	综合工	工日	135.00	10.83	13.29	15.65	18.80
材料	压力储罐式泡沫比例混合器	台	—	(1)	(1)	(1)	(1)
	平焊法兰	个	—	(2)	(2)	(2)	(2)
	低压盲板	kg	6.65	0.361	0.612	0.612	0.875
	钢板垫板	t	4954.18	0.01180	0.01416	0.02064	0.02388
	碳钢电焊条 E4303 *D*3.2	kg	7.59	1.158	1.554	1.672	2.334
	乙炔气	kg	14.66	0.157	0.207	0.227	0.568
	氧气	m^3	2.88	0.472	0.622	0.682	1.705
	棉纱	kg	16.11	0.163	0.175	0.175	0.223
	道木	m^3	3660.04	0.04	0.05	0.07	0.10
	清油	kg	15.06	0.08	0.12	0.12	0.12
	石棉橡胶板 低中压 δ0.8～6.0	kg	20.02	0.692	1.104	1.104	1.324
	砂轮片 *D*100	片	3.83	0.132	0.194	0.194	0.328
	铅油	kg	11.17	0.40	0.56	0.56	0.68
机械	载货汽车 4t	台班	417.41	0.10	0.10	0.10	0.21
	电焊条烘干箱 600×500×750	台班	27.16	0.053	0.066	0.072	0.090
	卷扬机 单筒慢速 50kN	台班	211.29	0.37	0.48	0.48	0.67
	交流弧焊机 32kV·A	台班	87.97	0.532	0.658	0.718	0.900

2. 平衡压力式比例混合器安装

工作内容： 开箱检查、切管、坡口、焊法兰、整体安装、调试。　　　　**单位：** 台

编　　号				7-131	7-132	7-133
项　　目				型号		
				PHP20	PHP40	PHP80
预算基价	总　　价(元)			**433.18**	**533.44**	**719.66**
	人　工　费(元)			376.65	456.30	615.60
	材　料　费(元)			33.95	52.30	68.34
	机　械　费(元)			22.58	24.84	35.72
组 成 内 容		**单位**	**单价**	**数　量**		
人工	综合工	工日	135.00	2.79	3.38	4.56
材料	平焊法兰	个	—	(3)	(3)	(3)
	平衡压力式泡沫比例混合器	台	—	(1)	(1)	(1)
	低压盲板	kg	6.65	0.361	0.612	0.875
	碳钢电焊条 E4303 $D3.2$	kg	7.59	0.445	0.884	1.441
	乙炔气	kg	14.66	0.116	0.184	0.244
	氧气	m^3	2.88	0.348	0.551	0.733
	棉纱	kg	16.11	0.150	0.150	0.200
	清油	kg	15.06	0.12	0.12	0.18
	石棉橡胶板 低中压 $\delta0.8\sim6.0$	kg	20.02	0.725	1.150	1.379
	砂轮片 $D100$	片	3.83	0.183	0.275	0.425
	铅油	kg	11.17	0.54	0.80	0.96
机械	电焊条烘干箱 600×500×750	台班	27.16	0.025	0.027	0.039
	交流弧焊机 32kV·A	台班	87.97	0.249	0.274	0.394

3.环泵式负压比例混合器安装

工作内容： 开箱检查、切管、坡口、焊法兰、本体安装、调试。 **单位：** 台

编号				7-134	7-135	7-136
项目				型号		
				PH32	PH48	PH64
预算基价	总价(元)			**233.76**	**272.47**	**297.51**
	人工费(元)			197.10	225.45	240.30
	材料费(元)			19.96	27.19	34.63
	机械费(元)			16.70	19.83	22.58
	组成内容	**单位**	**单价**	**数量**		
人工	综合工	工日	135.00	1.46	1.67	1.78
材料	平焊法兰	个	—	(3)	(3)	(3)
	环泵式负压比例混合器	台	—	(1)	(1)	(1)
	低压盲板	kg	6.65	0.253	0.297	0.361
	碳钢电焊条 E4303 $D3.2$	kg	7.59	0.259	0.316	0.331
	乙炔气	kg	14.66	0.054	0.060	0.098
	氧气	m^3	2.88	0.161	0.179	0.295
	棉纱	kg	16.11	0.100	0.100	0.150
	清油	kg	15.06	0.06	0.10	0.12
	石棉橡胶板 低中压 $\delta0.8\sim6.0$	kg	20.02	0.442	0.662	0.823
	砂轮片 $D100$	片	3.83	0.113	0.137	0.183
	砂轮片 $D400$	片	19.56	0.018	0.026	—
	铅油	kg	11.17	0.26	0.36	0.54
机械	电焊条烘干箱 600×500×750	台班	27.16	0.018	0.022	0.025
	交流弧焊机 32kV·A	台班	87.97	0.182	0.216	0.249
	砂轮切割机 $D400$	台班	32.78	0.006	0.007	—

4.管线式负压比例混合器安装

工作内容： 开箱检查、本体安装、找正、找平、螺栓固定、调试。 **单位：** 台

编号				7-137
项目				型号
				PHF
预算基价	总价(元)			**84.39**
	人工费(元)			76.95
	材料费(元)			7.44
组成内容		**单位**	**单价**	**数量**
人工	综合工	工日	135.00	0.57
材料	管线式负压比例混合器	台	—	(1)
	钢板垫板	t	4954.18	0.00132
	乙炔气	kg	14.66	0.017
	氧气	m^3	2.88	0.050
	破布	kg	5.07	0.1

第四章　管道支架制作、安装

说　明

本章适用范围：管道支架制作、安装，适用于各种综合支架、吊架及防晃支架。

工程量计算规则

管道支架制作、安装依据不同的管架形式、材质,按设计图示质量计算。

管道支架制作、安装

工作内容：切断、调直、摵制、钻孔、组对、焊接、安装。 **单位：**100kg

编号				7-138
项目				管道支吊架
预算基价	总价(元)			**1496.66**
	人工费(元)			1201.50
	材料费(元)			187.78
	机械费(元)			107.38
组成内容		**单位**	**单价**	**数量**
人工	综合工	工日	135.00	8.90
材料	型钢	t	—	(0.106)
	螺栓	kg	8.33	1.185
	螺母	kg	8.20	0.333
	钢垫圈	kg	3.18	0.124
	膨胀螺栓 M12×100	套	1.81	34.92
	碳钢电焊条 E4303 *D*3.2	kg	7.59	5.4
	乙炔气	kg	14.66	0.87
	氧气	m^3	2.88	2.55
	砂轮片 *D*400	片	19.56	0.8
	冲击钻头 *D*14	个	8.58	0.68
	石棉橡胶板 低中压 δ0.8～6.0	kg	20.02	0.51
	机油 5[#]～7[#]	kg	7.21	0.24
	零星材料费	元	—	17.07
机械	电焊条烘干箱 600×500×750	台班	27.16	0.104
	立式钻床 *D*25	台班	6.78	0.425
	电锤	台班	3.51	0.567
	交流弧焊机 32kV·A	台班	87.97	1.04
	砂轮切割机 *D*400	台班	32.78	0.25

第五章　火灾自动报警系统

说　明

一、本章适用范围：探测器、按钮、模块(接口)、报警控制器、联动控制器、报警联动一体机、重复显示器、警报装置、远程控制器、火灾事故广播、消防通信、报警备用电源安装。

二、本章不包括以下工作内容：

1.设备支架、底座、基础制作、安装。

2.构件加工、制作。

3.电机检查、接线及调试。

4.事故照明及疏散指示控制装置安装。

5.CRT彩色显示装置安装。

三、本章基价中箱、机是以成套装置编制的。

四、柜式及琴台式安装均执行落地式安装基价子目。

工程量计算规则

一、点型探测器依据不同的名称、类型、多线制、总线制,按设计图示数量计算。

二、线型探测器依据不同的安装方式,按设计图示长度计算。

三、按钮依据不同规格,按设计图示数量计算。

四、模块(接口)依据不同的名称、输出形式,按设计图示数量计算。

五、报警控制器、联动控制器、报警联动一体机,依据不同的安装方式、控制点数量、多线制、总线制,按设计图示数量计算。

六、重复显示器依据不同线制(多线制、总线制),按设计图示数量计算。

七、报警装置依据不同形式,按设计图示数量计算。

八、远程控制器依据不同的控制回路,按设计图示数量计算。

九、火灾事故广播安装依据不同的设备、型号、规格,按设计图示数量计算。

十、消防通信设备依据不同的设备、型号、规格,按设计图示数量计算。

十一、报警备用电源按设计图示数量计算。

一、探测器安装

1.点型探测器安装

工作内容：校线，挂锡，安装底座、探头，编码，清洁，调测。 **单位：**只

编号				7-139	7-140	7-141	7-142	7-143
项目				多线制				
				感烟	感温	红外光束	火焰	可燃气体
预算基价	总价(元)			**84.83**	**84.86**	**532.63**	**162.92**	**91.61**
	人工费(元)			78.30	78.30	523.80	156.60	78.30
	材料费(元)			6.53	6.56	8.83	6.32	13.31
组成内容		**单位**	**单价**	**数量**				
人工	综合工	工日	135.00	0.58	0.58	3.88	1.16	0.58
材料	镀锌薄钢板 $\delta 2.5$	m^2	102.22	0.01	0.01	0.02	0.01	0.01
	塑料胀管 M6	个	0.21	3.00	3.00	3.00	3.00	3.00
	异型塑料管 *D*5	m	0.89	0.10	0.10	0.10	0.10	0.10
	普通胶合板 3mm厚	m^2	20.88	0.02	0.02	—	0.02	0.02
	防火涂料 A60-1	kg	5.06	0.05	0.05	—	0.05	0.05
	木螺钉 M4×65以内	个	0.09	3.1	3.1	3.1	3.1	3.1
	白布	m^2	10.34	0.04	0.04	0.04	0.04	0.04
	焊锡	kg	59.85	0.04	0.04	0.04	0.04	0.04
	焊锡膏 50g瓶装	kg	49.90	0.01	0.01	0.01	0.01	0.01
	汽油 70#	kg	7.10	0.03	0.03	0.03	0.03	0.03
	冲击钻头 *D*6～8	个	5.48	0.02	0.02	0.10	0.02	0.02
	801胶	kg	20.85	0.01	0.01	—	—	0.01
	电	kW·h	0.73	—	0.04	—	—	—
	半圆头镀锌螺栓 M(6～12)×(22～80)	套	0.42	—	—	4.1	—	—
	可燃气体	kg	6.78	—	—	—	—	1.0

工作内容：校线，挂锡，安装底座、探头，编码，清洁，调测。

单位：只

编号				7-144	7-145	7-146	7-147	7-148
项目				总线制				
				感烟	感温	红外光束	火焰	可燃气体
预算基价	总价(元)			**84.94**	**84.97**	**537.42**	**165.73**	**91.72**
	人工费(元)			79.65	79.65	529.20	160.65	79.65
	材料费(元)			5.29	5.32	8.22	5.08	12.07
组成内容		**单位**	**单价**	**数量**				
人工	综合工	工日	135.00	0.59	0.59	3.92	1.19	0.59
材料	镀锌薄钢板 $\delta 2.5$	m^2	102.22	0.01	0.01	0.02	0.01	0.01
	塑料胀管 M6	个	0.21	3.00	3.00	3.00	3.00	3.00
	异型塑料管 *D*5	m	0.89	0.05	0.05	0.08	0.05	0.05
	普通胶合板 3mm厚	m^2	20.88	0.02	0.02	—	0.02	0.02
	防火涂料 A60-1	kg	5.06	0.05	0.05	—	0.05	0.05
	木螺钉 M4×65以内	个	0.09	3.1	3.1	3.1	3.1	3.1
	白布	m^2	10.34	0.04	0.04	0.04	0.04	0.04
	焊锡	kg	59.85	0.02	0.02	0.03	0.02	0.02
	焊锡膏 50g瓶装	kg	49.90	0.01	0.01	0.01	0.01	0.01
	汽油 70#	kg	7.10	0.03	0.03	0.03	0.03	0.03
	冲击钻头 *D*6～8	个	5.48	0.02	0.02	0.10	0.02	0.02
	801胶	kg	20.85	0.01	0.01	—	—	0.01
	电	kW•h	0.73	—	0.04	—	—	—
	半圆头镀锌螺栓 M(6～12)×(22～80)	套	0.42	—	—	4.1	—	—
	可燃气体	kg	6.78	—	—	—	—	1.0

2.线型探测器安装

工作内容：拉锁固定、校线、挂锡、调测。 **单位：**10m

编号				7-149
项目				线型探测器
预算基价	总价(元)			**260.65**
	人工费(元)			243.00
	材料费(元)			17.65
组成内容		单位	单价	数量
人工	综合工	工日	135.00	1.80
材料	线型探测器	m	—	(13.2)
	电	kW·h	0.73	0.04
	标志牌 塑料扁形	个	0.45	0.6
	尼龙扎带	根	0.49	18.38
	塑料线卡 *D*15以内	个	0.53	15.75

二、按钮安装

工作内容：校线、挂锡、钻眼固定、安装、编码、调测。 **单位**：只

编号				7-150
项目				按钮
预算基价	总价(元)			123.57
	人工费(元)			116.10
	材料费(元)			7.47
组成内容		单位	单价	数量
人工	综合工	工日	135.00	0.86
材料	普通胶合板 3mm厚	m^2	20.88	0.01
	塑料胀管 M6	个	0.21	3.0
	异型塑料管 *D*5	m	0.89	0.13
	防火涂料 A60-1	kg	5.06	0.05
	白布	m^2	10.34	0.05
	焊锡	kg	59.85	0.05
	焊锡膏 50g瓶装	kg	49.90	0.02
	汽油 70[#]	kg	7.10	0.03
	冲击钻头 *D*6～8	个	5.48	0.06
	木螺钉 M6×100	个	0.22	3.1
	镀锌自攻螺钉 M(4～6)×(20～35)	个	0.17	3.1

三、模块（接口）安装

工作内容： 安装、固定、校线、挂锡、功能检测、编码、防潮防尘处理。 **单位：** 只

编号				7-151	7-152	7-153
项目				控制模块（接口）		报警模块（接口）
				单输出	多输出	
预算基价	总价（元）			**253.14**	**338.13**	**237.44**
	人工费（元）			245.70	325.35	232.20
	材料费（元）			7.44	12.78	5.24
组成内容		**单位**	**单价**	**数量**		
人工	综合工	工日	135.00	1.82	2.41	1.72
材料	半圆头镀锌螺栓 M(2～5)×(15～50)	套	0.24	2.06	2.06	2.06
	普通胶合板 3mm厚	m^2	20.88	0.01	0.01	0.01
	防火涂料 A60-1	kg	5.06	0.03	0.03	0.03
	塑料胀管 M6	个	0.21	2.0	2.0	2.0
	异型塑料管 *D*5	m	0.89	0.15	0.30	0.10
	白布	m^2	10.34	0.05	0.11	0.04
	焊锡	kg	59.85	0.06	0.12	0.04
	焊锡膏 50g瓶装	kg	49.90	0.02	0.03	0.01
	木螺钉 M4×65以内	个	0.09	2.1	2.1	2.1
	冲击钻头 *D*6～8	个	5.48	0.03	0.03	0.03
	汽油 70#	kg	7.10	0.08	0.15	0.03

四、报警控制器安装

工作内容：安装、固定、校线、挂锡、功能检测、防潮防尘处理、压线、标志、绑扎。 **单位：**台

编号				7-154	7-155	7-156	7-157
项目				多线制(壁挂式)		多线制(落地式)	
				32点以内	64点以内	32点以内	64点以内
预算基价	总价(元)			**1801.06**	**2015.87**	**1827.90**	**2049.46**
	人工费(元)			1710.45	1894.05	1729.35	1919.70
	材料费(元)			53.42	84.63	46.35	77.56
	机械费(元)			37.19	37.19	52.20	52.20
组成内容		**单位**	**单价**	**数量**			
人工	综合工	工日	135.00	12.67	14.03	12.81	14.22
材料	标志牌 塑料扁形	个	0.45	1	1	1	1
	塑料线卡 *D*15以内	个	0.53	8	12	8	12
	镀锌滚花膨胀螺栓 M8	套	0.72	4.12	4.12	—	—
	镀锌精制六角带帽螺栓 M8×(80～120)	套	1.06	4.12	4.12	—	—
	镀锌精制六角带帽螺栓 M10×(80～120)	套	1.44	—	—	4.12	4.12
	异型塑料管 *D*5	m	0.89	1.00	1.83	1.00	1.83
	白布	m^2	10.34	0.40	0.66	0.40	0.66
	焊锡	kg	59.85	0.40	0.73	0.40	0.73
	焊锡膏 50g瓶装	kg	49.90	0.10	0.19	0.10	0.19
	汽油 70#	kg	7.10	0.25	0.45	0.25	0.45
	冲击钻头 *D*10～20	个	7.94	0.13	0.13	—	—
	玻璃胶 310g	支	23.15	0.2	0.2	—	—
机械	载货汽车 5t	台班	443.55	0.05	0.05	0.05	0.05
	直流弧焊机 20kW	台班	75.06	0.2	0.2	0.4	0.4

工作内容：安装、固定、校线、挂锡、功能检测、防潮防尘处理、压线、标志、绑扎。

单位：台

编号				7-158	7-159	7-160	7-161	7-162	7-163	7-164	7-165
项目				总线制（壁挂式）				总线制（落地式）			
				200点以内	500点以内	1000点以内	1000点以外	200点以内	500点以内	1000点以内	1000点以外
预算基价	总价（元）			**2260.22**	**4005.69**	**5079.75**	**6205.63**	**2318.48**	**4057.20**	**5137.43**	**6242.15**
	人工费（元）			2180.25	3906.90	4938.30	5964.30	2209.95	3929.85	4972.05	5994.00
	材料费（元）			42.78	61.60	104.26	204.14	34.15	52.97	91.00	173.77
	机械费（元）			37.19	37.19	37.19	37.19	74.38	74.38	74.38	74.38
组成内容		**单位**	**单价**	**数量**							
人工	综合工	工日	135.00	16.15	28.94	36.58	44.18	16.37	29.11	36.83	44.40
材料	标志牌 塑料扁形	个	0.45	1	1	1	1	1	1	1	1
	塑料线卡 $D15$以内	个	0.53	14	22	40	80	14	22	40	80
	镀锌滚花膨胀螺栓 M8	套	0.72	4.12	4.12	4.12	—	—	—	—	—
	镀锌滚花膨胀螺栓 M10	套	0.96	—	—	—	8.24	—	—	—	—
	镀锌精制六角带帽螺栓 M8×（80～120）	套	1.06	4.12	4.12	4.12	—	4.12	4.12	4.12	8.24
	镀锌精制六角带帽螺栓 M10×（80～120）	套	1.44	—	—	—	8.24	—	—	—	—
	异型塑料管 $D5$	m	0.89	0.55	0.95	1.75	1.75	0.55	0.95	1.75	3.25
	白布	m^2	10.34	0.20	0.34	0.63	1.17	0.20	0.34	0.63	1.17
	焊锡	kg	59.85	0.22	0.38	0.70	1.30	0.22	0.38	0.70	1.30
	焊锡膏 50g瓶装	kg	49.90	0.06	0.10	0.18	0.33	0.06	0.10	0.18	0.33
	汽油 70#	kg	7.10	0.45	0.62	0.85	1.82	0.45	0.62	0.85	1.82
	冲击钻头 $D10$～20	个	7.94	0.13	0.13	0.13	0.27	—	—	—	—
	玻璃胶 310g	支	23.15	0.2	0.2	0.4	0.8	—	—	—	—
机械	载货汽车 5t	台班	443.55	0.05	0.05	0.05	0.05	0.10	0.10	0.10	0.10
	直流弧焊机 20kW	台班	75.06	0.2	0.2	0.2	0.2	0.4	0.4	0.4	0.4

五、联动控制器安装

工作内容：校线、挂锡、并线、压线、标志、安装、固定、功能检测、防尘防潮处理。 **单位：**台

编号				7-166	7-167	7-168	7-169
项目				多线制（壁挂式）		多线制（落地式）	
				100点以内	100点以外	100点以内	100点以外
预算基价	总价（元）			**3046.91**	**4670.03**	**3046.41**	**4659.96**
	人工费（元）			2787.75	4216.05	2787.75	4216.05
	材料费（元）			199.79	394.61	184.28	369.53
	机械费（元）			59.37	59.37	74.38	74.38
组成内容		**单位**	**单价**	**数量**			
人工	综合工	工日	135.00	20.65	31.23	20.65	31.23
材料	标志牌 塑料扁形	个	0.45	1	1	1	1
	塑料线卡 *D*15以内	个	0.53	35	82	35	82
	镀锌滚花膨胀螺栓 M8	套	0.72	4.12	—	—	—
	镀锌滚花膨胀螺栓 M10	套	0.96	—	4.12	—	—
	镀锌精制六角带帽螺栓 M8×（80～120）	套	1.06	4.12	—	4.12	4.12
	镀锌精制六角带帽螺栓 M10×（80～120）	套	1.44	—	4.12	—	—
	异型塑料管 *D*5	m	0.89	4.55	9.10	4.55	9.10
	冲击钻头 *D*10	个	7.47	0.13	—	—	—
	白布	m^2	10.34	1.64	3.28	1.64	3.28
	焊锡	kg	59.85	1.82	3.64	1.82	3.64
	焊锡膏 50g瓶装	kg	49.90	0.46	0.91	0.46	0.91
	汽油 70#	kg	7.10	1.13	2.25	1.13	2.25
	玻璃胶 310g	支	23.15	0.5	0.8	—	—
	冲击钻头 *D*12	个	8.00	—	0.13	—	—
机械	载货汽车 5t	台班	443.55	0.1	0.1	0.1	0.1
	直流弧焊机 20kW	台班	75.06	0.2	0.2	0.4	0.4

工作内容：校线、挂锡、并线、压线、标志、安装、固定、功能检测、防尘防潮处理。 **单位：**台

编 号				7-170	7-171	7-172	7-173	7-174	7-175	7-176	7-177
项 目				总线制(壁挂式)				总线制(落地式)			
				100点以内	200点以内	500点以内	500点以外	100点以内	200点以内	500点以内	500点以外
预算基价	总 价(元)			**2926.19**	**4396.44**	**4696.52**	**5011.79**	**2947.51**	**4411.44**	**4711.52**	**5024.48**
	人 工 费(元)			2833.65	4290.30	4569.75	4839.75	2848.50	4303.80	4583.25	4853.25
	材 料 费(元)			33.17	46.77	67.40	112.67	24.63	33.26	53.89	96.85
	机 械 费(元)			59.37	59.37	59.37	59.37	74.38	74.38	74.38	74.38
组成内容		**单位**	**单价**	**数 量**							
人工	综合工	工日	135.00	20.99	31.78	33.85	35.85	21.10	31.88	33.95	35.95
材料	标志牌 塑料扁形	个	0.45	1	1	1	1	1	1	1	1
	塑料线卡 *D*15以内	个	0.53	10	16	24	46	15	16	24	46
	镀锌滚花膨胀螺栓 M10	套	0.96	4.12	4.12	4.12	4.12	—	—	—	—
	镀锌精制六角带帽螺栓 M8×(80～120)	套	1.06	—	—	—	—	4.12	4.12	4.12	4.12
	镀锌精制六角带帽螺栓 M10×(80～120)	套	1.44	4.12	4.12	4.12	4.12	—	—	—	—
	异型塑料管 *D*5	m	0.89	0.30	0.50	0.90	1.70	0.30	0.50	0.90	1.70
	冲击钻头 *D*12	个	8.00	0.13	0.13	0.13	0.13	—	—	—	—
	白布	m^2	10.34	0.11	0.18	0.33	0.61	0.11	0.18	0.33	0.61
	焊锡	kg	59.85	0.12	0.20	0.36	0.68	0.12	0.20	0.36	0.68
	焊锡膏 50g瓶装	kg	49.90	0.03	0.05	0.09	0.17	0.03	0.05	0.09	0.17
	汽油 70#	kg	7.10	0.25	0.45	0.86	1.50	0.25	0.45	0.86	1.50
	玻璃胶 310g	支	23.15	0.2	0.3	0.3	0.4	—	—	—	—
机械	载货汽车 5t	台班	443.55	0.1	0.1	0.1	0.1	0.1	0.1	0.1	0.1
	直流弧焊机 20kW	台班	75.06	0.2	0.2	0.2	0.2	0.4	0.4	0.4	0.4

六、报警联动一体机

工作内容： 校线、挂锡、并线、压线、标志、安装、固定、功能检测、防尘防潮处理。

单位： 台

编号				7-178	7-179	7-180	7-181	7-182	7-183	7-184	7-185
项目				壁挂式				落地式			
				500点以内	1000点以内	2000点以内	2000点以外	500点以内	1000点以内	2000点以内	2000点以外
预算基价	总价(元)			**6441.34**	**8488.96**	**9841.95**	**13591.20**	**6509.88**	**8525.48**	**9971.04**	**13630.13**
	人工费(元)			6335.55	8341.65	9643.05	13279.95	6397.65	8374.05	9772.65	13327.20
	材料费(元)			46.42	87.94	139.53	251.88	37.85	77.05	124.01	228.55
	机械费(元)			59.37	59.37	59.37	59.37	74.38	74.38	74.38	74.38
组成内容		单位	单价	数量							
人工	综合工	工日	135.00	46.93	61.79	71.43	98.37	47.39	62.03	72.39	98.72
材料	标志牌 塑料扁形	个	0.45	1	1	1	1	1	1	1	1
	塑料线卡 *D*15以内	个	0.53	15.00	46.00	86.00	120.00	15.00	46.00	86.00	120.00
	镀锌滚花膨胀螺栓 M8	套	0.72	4.12	4.12	4.12	8.24	—	—	—	—
	镀锌精制六角带帽螺栓 M8×(80～120)	套	1.06	4.12	4.12	4.12	8.24	4.12	4.12	4.12	—
	镀锌精制六角带帽螺栓 M10×(80～120)	套	1.44	—	—	—	—	—	—	—	8.24
	异型塑料管 *D*5	m	0.89	0.63	1.25	2.00	4.00	0.63	1.25	2.00	4.00
	白布	m^2	10.34	0.23	0.45	0.72	1.44	0.23	0.45	0.72	1.44
	焊锡	kg	59.85	0.25	0.50	0.80	1.60	0.25	0.50	0.80	1.60
	焊锡膏 50g瓶装	kg	49.90	0.07	0.13	0.20	0.40	0.07	0.13	0.20	0.40
	汽油 70#	kg	7.10	0.52	0.80	0.92	2.60	0.52	0.80	0.92	2.60
	玻璃胶 310g	支	23.15	0.2	0.3	0.5	0.8	—	—	—	—
	冲击钻头 *D*10	个	7.47	0.13	0.13	0.13	0.27	—	—	—	—
机械	载货汽车 5t	台班	443.55	0.1	0.1	0.1	0.1	0.1	0.1	0.1	0.1
	直流弧焊机 20kW	台班	75.06	0.2	0.2	0.2	0.2	0.4	0.4	0.4	0.4

七、重复显示器、警报装置、远程控制器安装

工作内容：校线、挂锡、并线、压线、标志、编码、安装、固定、功能检测、防尘防潮处理。

编号				7-186	7-187	7-188	7-189	7-190	7-191
项目				重复显示器		警报装置		远程控制器	
				多线制（台）	总线制（台）	声光报警（只）	警铃（只）	3路以内（台）	5路以内（台）
预算基价	总价(元)			**1760.42**	**2160.29**	**168.98**	**88.89**	**1201.08**	**1442.64**
	人工费(元)			1661.85	2097.90	164.70	85.05	1186.65	1422.90
	材料费(元)			61.38	25.20	4.28	3.84	14.43	19.74
	机械费(元)			37.19	37.19	—	—	—	—
	组成内容	**单位**	**单价**	**数量**					
人工	综合工	工日	135.00	12.31	15.54	1.22	0.63	8.79	10.54
材料	标志牌 塑料扁形	个	0.45	1	1	1	1	—	—
	塑料线卡 $D15$以内	个	0.53	21	7	—	—	—	—
	镀锌滚花膨胀螺栓 M8	套	0.72	4.12	4.12	—	—	—	—
	镀锌精制六角带帽螺栓 M8×(80～120)	套	1.06	4.12	4.12	—	—	—	—
	异型塑料管 $D5$	m	0.89	0.90	0.20	0.05	0.05	0.33	0.48
	白布	m^2	10.34	0.32	0.07	0.02	0.02	0.12	0.17
	焊锡	kg	59.85	0.36	0.08	0.02	0.02	0.13	0.19
	焊锡膏 50g瓶装	kg	49.90	0.09	0.02	0.01	0.01	0.04	0.05
	汽油 $70^{\#}$	kg	7.10	0.62	0.20	0.01	0.01	0.18	0.26
	玻璃胶 310g	支	23.15	0.3	0.2	—	—	—	—
	冲击钻头 $D10$	个	7.47	0.13	0.13	—	—	—	—
	防火涂料 A60-1	kg	5.06	—	—	0.03	0.03	—	—
	普通胶合板 3mm厚	m^2	20.88	—	—	0.01	0.01	—	—
	塑料胀管 M6	个	0.21	—	—	3.0	2.0	4.0	4.0
	自攻螺钉 M4×30	个	0.06	—	—	1.04	1.04	—	—
	木螺钉 M4×60	个	0.07	—	—	3.12	2.08	4.16	4.16
	冲击钻头 $D8$	个	5.44	—	—	0.10	0.07	0.13	0.13
机械	载货汽车 5t	台班	443.55	0.05	0.05	—	—	—	—
	直流弧焊机 20kW	台班	75.06	0.2	0.2	—	—	—	—

八、火灾事故广播安装

工作内容：校线、挂锡、并线、压线、标志、安装、固定、功能检测、防尘防潮处理。

编号				7-192	7-193	7-194	7-195	7-196	7-197	7-198
项目				125W功放（台）	250W功放（台）	录音机（台）	消防广播控制柜（台）	吸顶式扬声器（只）	壁挂式音箱（只）	广播分配器（台）
预算基价	总价(元)			**91.80**	**112.73**	**95.87**	**3190.88**	**57.49**	**43.54**	**667.30**
	人工费(元)			81.00	101.25	85.05	3003.75	52.65	40.50	625.05
	材料费(元)			10.80	11.48	10.82	112.75	4.84	3.04	42.25
	机械费(元)			—	—	—	74.38	—	—	—
组成内容		**单位**	**单价**	**数量**						
人工	综合工	工日	135.00	0.60	0.75	0.63	22.25	0.39	0.30	4.63
材料	铁砂布 0# ～2#	张	1.15	1	1	1	2	—	—	1
	锯条	根	0.42	0.81	0.81	0.81	—	—	—	0.81
	镀锌扁钢 <59	t	4537.41	0.00126	0.00141	0.00132	—	—	—	0.00122
	橡皮垫 $\delta 2$	m^2	24.44	0.06	0.06	0.05	—	—	—	0.05
	半圆头螺钉 M(6～12)×(12～50)	套	0.51	4.16	4.16	4.16	—	—	—	4.16
	精制六角带帽螺栓 M10×75以内	套	0.76	—	—	—	4.12	—	—	—
	白布	m^2	10.34	—	—	—	0.27	0.02	0.02	0.33
	棉纱	kg	16.11	—	—	—	1.40	—	—	—
	标志牌 塑料扁形	个	0.45	—	—	—	1.00	—	—	—
	垫铁	kg	8.61	—	—	—	2.00	—	—	—
	焊锡	kg	59.85	—	—	—	0.57	0.02	0.02	0.36
	焊锡膏 50g瓶装	kg	49.90	—	—	—	0.143	0.010	0.010	0.090
	汽油 70#	kg	7.10	—	—	—	1.64	0.02	0.02	0.23
	塑料软管 $D4$	m	0.32	—	—	—	0.15	—	—	—
	异型塑料管 $D5$	m	0.89	—	—	—	1.43	0.05	0.05	0.90
	橡皮绝缘板 $\delta 5.0$	m^2	55.28	—	—	—	0.05	—	—	—
	接地线 BV-4mm²	m	2.44	—	—	—	3.00	—	—	—
	木螺钉 M4×60	个	0.07	—	—	—	—	4.16	2.08	—
	普通胶合板 3mm厚	m^2	20.88	—	—	—	—	0.04	—	—
	防火涂料 A60-1	kg	5.06	—	—	—	—	0.05	—	—
	玻璃胶 310g	支	23.15	—	—	—	—	0.01	—	—
	立时得胶	kg	22.71	—	—	—	—	0.05	—	—
	塑料胀管 M6	个	0.21	—	—	—	—	—	2.00	—
	冲击钻头 $D8$	个	5.44	—	—	—	—	—	0.07	—
机械	载货汽车 5t	台班	443.55	—	—	—	0.10	—	—	—
	直流弧焊机 20kW	台班	75.06	—	—	—	0.40	—	—	—

九、消防通信、报警备用电源安装

工作内容：接线、挂锡、并线、压线、安装、固定、功能检测、防尘防潮处理。 **单位：**个

	编号			7-199	7-200	7-201	7-202	7-203	7-204
	项目			电话交换机(门)			通信		消防报警备用电源
				20	40	60	分机	插孔	
预算基价	总价(元)			**2123.39**	**3169.20**	**3818.06**	**30.64**	**34.60**	**141.40**
	人工费(元)			2049.30	3060.45	3673.35	29.70	16.20	135.00
	材料费(元)			74.09	108.75	144.71	0.94	18.40	6.40
	组成内容	**单位**	**单价**	**数量**					
人工	综合工	工日	135.00	15.18	22.67	27.21	0.22	0.12	1.00
材料	热轧角钢 40×40×4	t	3752.49	0.00816	0.00816	0.00816	—	—	—
	镀锌滚花膨胀螺栓 M10	套	0.96	4.12	4.12	4.12	—	—	—
	异型塑料管 *D*5	m	0.89	1.05	2.05	3.05	—	—	—
	白布	m^2	10.34	0.38	0.74	1.10	—	0.02	0.02
	焊锡	kg	59.85	0.43	0.83	1.23	—	0.02	0.02
	焊锡膏 50g瓶装	kg	49.90	0.11	0.21	0.31	—	0.01	0.01
	汽油 70#	kg	7.10	0.32	0.64	0.98	—	0.01	0.02
	铁砂布 0#～2#	张	1.15	1	—	—	—	—	—
	冲击钻头 *D*8	个	5.44	—	—	—	0.07	0.06	—
	木螺钉 M4×60	个	0.07	—	—	—	2.00	2.00	—
	塑料胀管 M6	个	0.21	—	—	—	2.00	2.00	—
	导线端子铜接头 DT-10mm^2	个	7.54	—	—	—	—	2.00	—
	普通胶合板 3mm厚	m^2	20.88	—	—	—	—	0.01	—
	防火涂料 A60-1	kg	5.06	—	—	—	—	0.05	—
	镀锌扁钢 <59	t	4537.41	—	—	—	—	—	0.00031
	锯条	根	0.42	—	—	—	—	—	0.81
	橡皮垫 $\delta 2$	m^2	24.44	—	—	—	—	—	0.02
	半圆头螺钉 M(6～12)×(12～50)	套	0.51	—	—	—	—	—	4.16

第六章　消防系统调试

说　明

一、本章适用范围：自动报警系统调试、火灾事故广播、消防通信系统调试、水灭火控制装置调试、防火卷帘门、电动防火门、防火阀、排烟阀、正压送风阀控制装置调试、切断非消防电源、消防风机调试、消防水泵联动调试、超细干粉灭火装置调试、气体灭火系统装置调试、消防电梯调试。

二、系统调试是指消防报警和灭火系统安装完毕且联通，并按照国家有关消防施工、验收标准规范进行全系统的检测、调整和试验。

三、基价中不包括气体灭火系统调试试验时采取的安全措施，应另行计算。

四、自动报警系统装置包括各种探测器、手动报警按钮和报警控制器，灭火系统控制装置包括消火栓、自动喷水、七氟丙烷、二氧化碳等固定灭火系统的控制装置。

工程量计算规则

一、自动报警系统调试区分不同点数按系统计算。自动报警系统包括各种探测器、报警器、报警按钮、报警控制器组成的报警系统,其点数按具有地址编码的器件数量计算。

二、消火栓灭火系统按消火栓启泵按钮按设计图示数量计算,自动喷水灭火系统调试按水流指示器、消防水炮控制装置系统调试按设计图示数量计算。

三、防火控制装置调试按设计图示数量计算。

四、超细干粉灭火装置调试按设计图示数量计算。

五、气体灭火系统装置调试按调试、检验和验收所消耗的试验容量总数计算。气体灭火系统调试是由七氟丙烷、IG541、二氧化碳等组成的灭火系统,按气体灭火系统装置的瓶头阀以“点”计算。

六、电气火灾监控系统调试按模块点数执行自动报警系统调试相应子目。

七、消防电梯调试按设计图示数量计算。

一、自动报警系统调试

1.自动报警系统调试

工作内容：技术和器具准备、检查接线、绝缘检查、程序装载或校对检查、功能测试、系统试验、记录整理等。　　**单位：**系统

编号				7-205	7-206	7-207	7-208	7-209	7-210	7-211	7-212
项目				自动报警系统调试(点以内)							
				64	128	256	500	1000	2000	5000	5000点以外每增加256点
预算基价	总价(元)			**2827.44**	**4602.89**	**11288.00**	**19865.09**	**33488.94**	**44247.98**	**67355.69**	**2019.21**
	人工费(元)			2448.90	4110.75	10690.65	19114.65	32169.15	42191.55	63288.00	1799.55
	材料费(元)			201.88	221.95	249.43	268.59	447.51	797.17	1767.90	97.78
	机械费(元)			176.66	270.19	347.92	481.85	872.28	1259.26	2299.79	121.88
组成内容		**单位**	**单价**	**数量**							
人工	综合工	工日	135.00	18.14	30.45	79.19	141.59	238.29	312.53	468.80	13.33
材料	充电电池 5#	节	15.58	10.000	10.000	10.000	10.000	20.000	40.000	100.000	5.000
	铜芯塑料绝缘电线 BV-1.0mm²	m	0.72	15.270	15.270	15.270	15.270	15.270	15.270	15.270	—
	电气绝缘胶带 18mm×10m×0.13mm	卷	4.55	5.600	7.200	8.840	10.030	12.190	16.820	20.820	2.080
	打印纸 132-1	箱	162.50	0.050	0.120	0.240	0.320	0.400	0.500	0.600	0.060
	工业酒精 99.5%	kg	7.42	0.200	0.390	0.460	0.560	0.600	0.700	0.900	0.090
机械	小型机具	元	—	176.66	270.19	347.92	481.85	872.28	1259.26	2299.79	121.88

2.火灾事故广播、消防通信系统调试

工作内容：技术和器具准备、检查接线、绝缘检查、程序装载或校对检查、功能测试、系统试验、记录整理等。 **单位：**部

编号				7-213	7-214
项目				广播喇叭及音箱、电话插孔(10只)	通信分机
预算基价	总价(元)			**352.21**	**55.43**
	人工费(元)			311.85	47.25
	材料费(元)			17.92	4.48
	机械费(元)			22.44	3.70
组成内容		**单位**	**单价**	**数量**	
人工	综合工	工日	135.00	2.31	0.35
材料	电池 5#	节	1.12	16.000	4.000
机械	小型机具	元	—	22.44	3.70

二、水灭火控制装置调试

工作内容： 技术和器具准备、检查接线、绝缘检查、程序装载或校对检查、功能测试、系统试验、记录整理等。　　**单位：** 点

编号				7-215	7-216	7-217
项目				消火栓灭火系统	自动喷水灭火系统	消防水炮控制装置调试
预算基价	总价(元)			**212.33**	**298.52**	**655.87**
	人工费(元)			202.50	271.35	621.00
	材料费(元)			4.20	9.56	19.38
	机械费(元)			5.63	17.61	15.49
组成内容		**单位**	**单价**	**数量**		
人工	综合工	工日	135.00	1.50	2.01	4.60
材料	工业酒精 99.5%	kg	7.42	0.160	0.400	0.480
	铜芯塑料绝缘电线 BV-1.0mm^2	m	0.72	1.527	3.563	15.270
	电气绝缘胶带 18mm×10m×0.13mm	卷	4.55	0.420	0.884	1.060
机械	小型机具	元	—	5.63	17.61	15.49

三、防火控制装置调试

工作内容：技术和器具准备、检查接线、绝缘检查、程序装载或校对检查、功能测试、系统试验、记录整理等。 **单位：**点

编号				7-218	7-219	7-220	7-221	7-222	7-223
项目				防火卷帘门	电动防火门(窗)	电动防火阀、电动排烟阀、电动正压送风阀	切断非消防电源调试	消防风机调试	消防水泵联动调试
预算基价	总价(元)			**74.83**	**52.81**	**121.21**	**179.96**	**168.20**	**183.45**
	人工费(元)			67.50	47.25	87.75	148.50	162.00	175.50
	材料费(元)			0.43	0.91	26.56	25.92	0.66	0.98
	机械费(元)			6.90	4.65	6.90	5.54	5.54	6.97
组成内容		**单位**	**单价**	**数量**					
人工	综合工	工日	135.00	0.50	0.35	0.65	1.10	1.20	1.30
材料	蓄电池 24A•h	块	631.67	—	—	0.040	0.040	—	—
	灯泡	个	1.33	0.039	0.400	0.480	—	—	—
	铜芯塑料绝缘电线 BV-1.5mm^2	m	1.61	0.236	0.236	0.407	0.407	0.407	0.611
机械	小型机具	元	—	6.90	4.65	6.90	5.54	5.54	6.97

四、超细干粉灭火装置调试

工作内容：技术和器具准备、检查接线、绝缘检查、功能测试、记录整理等。 **单位：**套

编号				7-224
项目				超细干粉灭火装置调试
预算基价	总价(元)			**126.82**
	人工费(元)			121.50
	材料费(元)			4.20
	机械费(元)			1.12
组成内容		**单位**	**单价**	**数量**
人工	综合工	工日	135.00	0.90
材料	铜芯塑料绝缘电线 BV-1.0mm^2	m	0.72	1.527
	电气绝缘胶带 18mm×10m×0.13mm	卷	4.55	0.420
	工业酒精 99.5%	kg	7.42	0.160
机械	对讲机 一对	台班	4.48	0.250

五、气体灭火系统装置调试

工作内容： 工具准备、模拟喷气试验、储存容器切换器操作试验、气体试喷等。 **单位：** 点

编号				7-225	7-226	7-227	7-228	7-229
项目				试验容器规格(L)				
				40	70	90	155	270
预算基价	总价(元)			**653.46**	**921.90**	**1177.36**	**1626.22**	**2328.99**
	人工费(元)			459.00	688.50	918.00	1282.50	1836.00
	材料费(元)			178.97	217.91	243.87	328.23	477.50
	机械费(元)			15.49	15.49	15.49	15.49	15.49
组成内容		**单位**	**单价**	**数量**				
人工	综合工	工日	135.00	3.40	5.10	6.80	9.50	13.60
材料	电磁铁	块	5.94	1.000	1.000	1.000	1.000	1.000
	大膜片	片	1.30	1.000	1.000	1.000	1.000	1.000
	小膜片	片	1.12	1.000	1.000	1.000	1.000	1.000
	锥形堵块	只	2.29	1.000	1.000	1.000	1.000	1.000
	聚四氟乙烯垫	个	3.12	1.000	1.000	1.000	1.000	1.000
	试验介质(氮气) 40L	瓶	51.92	1.000	—	—	—	—
	试验介质(氮气) 70L	瓶	90.86	—	1.000	—	—	—
	试验介质(氮气) 90L	瓶	116.82	—	—	1.000	—	—
	试验介质(氮气) 155L	瓶	201.18	—	—	—	1.000	—
	试验介质(氮气) 270L	瓶	350.45	—	—	—	—	1.000
	电气绝缘胶带 18mm×10m×0.13mm	卷	4.55	2.000	2.000	2.000	2.000	2.000
	打印纸 132-1	箱	162.50	0.600	0.600	0.600	0.600	0.600
	工业酒精 99.5%	kg	7.42	0.900	0.900	0.900	0.900	0.900
机械	小型机具	元	—	15.49	15.49	15.49	15.49	15.49

六、消防电梯调试

工作内容：技术和器具准备、检查接线、绝缘检查、程序装载或校对检查、功能测试、系统试验、记录整理等。

单位：部

编号				7-230	7-231
项目				消防电梯调试	一般客用电梯调试
预算基价	总价(元)			**986.14**	**929.40**
	人工费(元)			970.65	924.75
	机械费(元)			15.49	4.65
组成内容		**单位**	**单价**	**数量**	
人工	综合工	工日	135.00	7.19	6.85
机械	小型机具	元	—	15.49	4.65

附　　录

附录一　材 料 价 格

说　　明

一、本附录材料价格为不含税价格，是确定预算基价子目中材料费的基期价格。

二、材料价格由材料采购价、运杂费、运输损耗费和采购及保管费组成。计算公式如下：

采购价为供货地点交货价格：

材料价格 =（采购价 + 运杂费）×（1+ 运输损耗率）×（1+ 采购及保管费费率）

采购价为施工现场交货价格：

材料价格 = 采购价 ×（1+ 采购及保管费费率）

三、运杂费指材料由供货地点运至工地仓库（或现场指定堆放地点）所发生的全部费用。运输损耗指材料在运输装卸过程中不可避免的损耗，材料损耗率如下表：

材料损耗率表

材 料 类 别	损 耗 率
页岩标砖、空心砖、砂、水泥、陶粒、耐火土、水泥地面砖、白瓷砖、卫生洁具、玻璃灯罩	1.0%
机制瓦、脊瓦、水泥瓦	3.0%
石棉瓦、石子、黄土、耐火砖、玻璃、色石子、大理石板、水磨石板、混凝土管、缸瓦管	0.5%
砌块、白灰	1.5%

注：表中未列的材料类别，不计损耗。

四、采购及保管费是指为组织采购、供应和保管材料、工程设备的过程中所需要的各项费用。采购及保管费费率按0.42%计取。

五、附录中材料价格是编制期天津市建筑材料市场综合取定的施工现场交货价格，并考虑了采购及保管费。

六、采用简易计税方法计取增值税时，材料的含税价格按照税务部门有关规定计算，以“元”为单位的材料费按系数1.1086调整。

材料价格表

序号	材　料　名　称	规　格	单　位	单　价 （元）
1	水泥	32.5级	kg	0.36
2	硅酸盐水泥	42.5级	kg	0.41
3	石棉绒	（综合）	kg	12.32
4	聚四氟乙烯垫	—	个	3.12
5	水泥砂浆	1:2.5	m^3	323.89
6	木材	一级红白松	m^3	3396.72
7	道木	—	m^3	3660.04
8	普通胶合板	3mm厚	m^2	20.88
9	镀锌钢丝	*D*2.8～4.0	kg	6.91
10	镀锌扁钢	＜59	t	4537.41
11	热轧角钢	40×40×4	t	3752.49
12	热轧扁钢	30×3	t	3639.10
13	普碳钢板	δ12～20	t	3626.36
14	普碳钢板	Q195～Q235 δ20	t	4006.16
15	镀锌薄钢板	δ0.5	m^2	18.42
16	镀锌薄钢板	δ2.5	m^2	102.22
17	钢板垫板	—	t	4954.18
18	垫铁	—	kg	8.61
19	低压盲板	—	kg	6.65
20	热轧一般无缝钢管	*D*22×2.5	m	6.19
21	热轧一般无缝钢管	*D*50	m	20.99
22	镀锌钢管	*DN*15	m	6.70
23	镀锌钢管	*DN*20	m	8.60
24	镀锌钢管	*DN*25	m	12.56
25	镀锌钢管	*DN*50	m	24.59
26	镀锌钢管	*DN*80	m	41.27

续表

序号	材料名称	规格	单位	单价（元）
27	碳钢电焊条	E4303 D3.2	kg	7.59
28	焊锡膏	50g瓶装	kg	49.90
29	焊锡	—	kg	59.85
30	木螺钉	M4×60	个	0.07
31	木螺钉	M4×65以内	个	0.09
32	木螺钉	M6×100	个	0.22
33	半圆头螺钉	M(6～12)×(12～50)	套	0.51
34	自攻螺钉	M4×30	个	0.06
35	镀锌自攻螺钉	M(4～6)×(20～35)	个	0.17
36	螺栓	—	kg	8.33
37	螺栓	—	套	1.51
38	带帽螺栓	—	kg	7.96
39	半圆头镀锌螺栓	M(2～5)×(15～50)	套	0.24
40	半圆头镀锌螺栓	M(6～12)×(22～80)	套	0.42
41	精制六角带帽螺栓	M10×75以内	套	0.76
42	精制六角带帽螺栓	M12×55	套	0.98
43	精制六角带帽螺栓	M16×(65～80)	套	1.47
44	精制六角带帽螺栓	带垫 M10×35	套	0.89
45	镀锌精制六角带帽螺栓	带2个垫圈 M8×(80～120)	套	1.06
46	镀锌精制六角带帽螺栓	带2个垫圈 M10×(80～120)	套	1.44
47	镀锌精制六角带帽螺栓	带2个垫圈 M20×(85～100)	套	5.00
48	镀锌精制六角带帽螺栓	M16×(85～140)	套	3.10
49	膨胀螺栓	M(6～12)×(50～120)	套	0.94
50	膨胀螺栓	M8	套	0.55
51	膨胀螺栓	M12	套	1.75
52	膨胀螺栓	M12×100	套	1.81
53	镀锌滚花膨胀螺栓	M8	套	0.72

续表

序号	材料名称	规格	单位	单价（元）
54	镀锌滚花膨胀螺栓	M10	套	0.96
55	金属膨胀螺栓	M8×80	套	0.66
56	螺母	—	kg	8.20
57	镀锌六角螺栓带螺母	2平垫1弹垫 M16×100以内	10套	7.66
58	橡皮垫	$\delta 2$	m^2	24.44
59	钢垫圈	—	kg	3.18
60	塑料胀管	M6	个	0.21
61	冲击钻头	D6～8	个	5.48
62	冲击钻头	D8	个	5.44
63	冲击钻头	D8～16	个	6.92
64	冲击钻头	D10	个	7.47
65	冲击钻头	D10～20	个	7.94
66	冲击钻头	D12	个	8.00
67	冲击钻头	D14	个	8.58
68	锯条	—	根	0.42
69	清油	—	kg	15.06
70	防火涂料	A60-1	kg	5.06
71	氧气	—	m^3	2.88
72	乙炔气	—	kg	14.66
73	氮气	—	m^3	3.68
74	试验介质(氮气)	40L	瓶	51.92
75	试验介质(氮气)	70L	瓶	90.86
76	试验介质(氮气)	90L	瓶	116.82
77	试验介质(氮气)	155L	瓶	201.18
78	试验介质(氮气)	270L	瓶	350.45
79	高纯氮气	40L	瓶	20.45
80	可燃气体	—	kg	6.78

续表

序号	材料名称	规格	单位	单价（元）
81	铅油	—	kg	11.17
82	工业酒精	99.5%	kg	7.42
83	立时得胶	—	kg	22.71
84	801胶	—	kg	20.85
85	玻璃胶	310g	支	23.15
86	厌氧胶	200g	瓶	12.16
87	汽油	$60^{\#}\sim70^{\#}$	kg	6.67
88	汽油	$70^{\#}$	kg	7.10
89	汽油	$100^{\#}$	kg	8.11
90	机油	—	kg	7.21
91	机油	$5^{\#}\sim7^{\#}$	kg	7.21
92	铁砂布	$0^{\#}\sim2^{\#}$	张	1.15
93	白布	—	m^2	10.34
94	棉纱	—	kg	16.11
95	破布	—	kg	5.07
96	塑料布	—	m^2	1.96
97	油麻	—	kg	16.48
98	水	—	m^3	7.62
99	电	—	kW•h	0.73
100	砂轮片	*D*100	片	3.83
101	砂轮片	*D*400	片	19.56
102	尼龙砂轮片	*D*400	片	15.64
103	大膜片	—	片	1.30
104	小膜片	—	片	1.12
105	电池	$5^{\#}$	节	1.12
106	蓄电池	24A•h	块	631.67
107	充电电池	$5^{\#}$	节	15.58

续表

序号	材料名称	规格	单位	单价(元)
108	打印纸	132-1	箱	162.50
109	镀锌弯头	*DN*15	个	1.07
110	镀锌弯头	*DN*20	个	1.54
111	镀锌弯头	*DN*20×15	个	1.88
112	镀锌弯头	*DN*25	个	2.24
113	镀锌弯头	*DN*25×15	个	2.89
114	镀锌弯头	*DN*32	个	3.42
115	镀锌弯头	*DN*40	个	4.40
116	镀锌弯头	*DN*40×15	个	5.47
117	镀锌弯头	*DN*40×25	个	5.57
118	镀锌弯头	*DN*50	个	6.74
119	镀锌弯头	*DN*50×40	个	8.59
120	镀锌弯头	*DN*80	个	21.80
121	镀锌三通	*DN*20	个	2.05
122	镀锌三通	*DN*20×15	个	2.44
123	镀锌三通	*DN*25	个	3.05
124	镀锌三通	*DN*25×15	个	3.76
125	镀锌三通	*DN*32	个	5.08
126	镀锌三通	*DN*32×15	个	5.77
127	镀锌三通	*DN*40	个	6.06
128	镀锌三通	*DN*40×15	个	7.18
129	镀锌三通	*DN*50	个	8.84
130	镀锌三通	*DN*50×15	个	11.04
131	镀锌活接头	*DN*20	个	3.37
132	镀锌活接头	*DN*25	个	4.71
133	镀锌活接头	*DN*32	个	6.40
134	镀锌活接头	*DN*40	个	9.16

续表

序号	材料名称	规格	单位	单价（元）
135	镀锌活接头	DN50	个	12.00
136	镀锌活接头	DN70	个	26.47
137	镀锌活接头	DN80	个	38.05
138	镀锌活接头	DN100	个	64.31
139	镀锌管箍	DN20	个	1.12
140	镀锌管箍	DN25	个	1.67
141	镀锌管箍	DN32	个	2.14
142	镀锌管箍	DN40	个	3.14
143	镀锌管箍	DN50	个	3.99
144	镀锌管箍	DN70	个	7.88
145	镀锌管箍	DN80	个	12.72
146	镀锌管箍	DN100	个	21.65
147	黑玛钢丝堵堵头	DN15	个	0.60
148	镀锌丝堵堵头	DN15	个	0.73
149	镀锌六角外丝	DN15	个	0.84
150	镀锌六角外丝	DN50	个	4.71
151	镀锌六角外丝	DN70	个	8.66
152	镀锌六角外丝	DN80	个	11.59
153	镀锌六角外丝	DN100	个	16.86
154	螺纹截止阀	J11T-16 DN15	个	12.12
155	阀门	DN50 10MPa	个	100.89
156	平焊法兰	DN50	个	19.18
157	钢板平焊法兰	1.6MPa DN100	个	48.19
158	钢板平焊法兰	1.6MPa DN150	个	79.27
159	沟槽法兰	(1.6MPa 以下) 50	片	22.18
160	沟槽法兰	(1.6MPa 以下) 80	片	29.08
161	沟槽法兰	(1.6MPa 以下) 100	片	44.08

续表

序号	材料名称	规格	单位	单价（元）
162	压力表补芯	—	个	1.32
163	压力表气门	QZ-2黄铜 M10 $D6$	个	11.88
164	压力表	Y-100 0～6MPa	块	45.43
165	压力表	YBS-WS 25MPa带弯带阀	套	61.22
166	弹簧压力表	0～1.6MPa	块	48.67
167	温度计	—	支	16.74
168	石棉橡胶板	低压 $\delta0.8\sim6.0$	kg	19.35
169	石棉橡胶板	低中压 $\delta0.8\sim6.0$	kg	20.02
170	橡胶软管	$DN50$	m	11.86
171	输水软管	$D25$	m	6.02
172	密封带	—	m	0.98
173	铜芯塑料绝缘电线	BV-1.0mm^2	m	0.72
174	铜芯塑料绝缘电线	BV-1.5mm^2	m	1.61
175	接地线	BV-4mm^2	m	2.44
176	异型塑料管	$D5$	m	0.89
177	塑料软管	$D4$	m	0.32
178	电气绝缘胶带	18mm×10m×0.13mm	卷	4.55
179	橡皮绝缘板	$\delta5.0$	m^2	55.28
180	灯泡	—	个	1.33
181	导线端子铜接头	DT-10mm^2	个	7.54
182	塑料线卡	$D15$以内	个	0.53
183	镀锌管卡子	15	个	0.98
184	尼龙扎带	（综合）	根	0.49
185	标志牌	塑料扁形	个	0.45
186	铝牌	—	个	0.60
187	电磁铁	—	块	5.94
188	锥形堵块	—	只	2.29

附录二　施工机械台班价格

说　明

一、本附录机械不含税价格是确定预算基价中机械费的基期价格,也可作为确定施工机械台班租赁价格的参考。

二、台班单价按每台班8小时工作制计算。

三、台班单价由折旧费、检修费、维护费、安拆费及场外运费、人工费、燃料动力费和其他费组成。

四、安拆费及场外运费根据施工机械不同分为计入台班单价、单独计算和不计算三种类型。

1.工地间移动较为频繁的小型机械及部分中型机械,其安拆费及场外运费计入台班单价。

2.移动有一定难度的特、大型(包括少数中型)机械,其安拆费及场外运费单独计算。单独计算的安拆费及场外运费除应计算安拆费、场外运费外,还应计算辅助设施(包括基础、底座、固定锚桩、行走轨道枕木等)的折旧、搭设和拆除等费用。

3.不需安装、拆卸且自身能开行的机械和固定在车间不需安装、拆卸及运输的机械,其安拆费及场外运费不计算。

五、采用简易计税方法计取增值税时,机械台班价格应为含税价格,以“元”为单位的机械台班费按系数1.0902调整。

施工机械台班价格表

序号	机械名称	规格型号	台班不含税单价（元）	台班含税单价（元）
1	汽车式起重机	8t	767.15	816.68
2	载货汽车	4t	417.41	447.36
3	载货汽车	5t	443.55	476.28
4	手动液压叉车	—	12.09	13.18
5	卷扬机	单筒慢速 30kN	205.84	210.09
6	卷扬机	单筒慢速 50kN	211.29	216.04
7	电动葫芦	单速 2t	31.60	35.10
8	普通车床	630×2000	242.35	250.09
9	立式钻床	*D*25	6.78	7.64
10	台式钻床	*D*16	4.27	4.80
11	砂轮切割机	*D*400	32.78	35.74
12	套丝机	—	27.57	30.38
13	电动单级离心清水泵	*D*100	34.80	38.22
14	试压泵	30MPa	23.45	25.66
15	试压泵	60MPa	24.94	27.39
16	交流弧焊机	32kV·A	87.97	98.06
17	直流弧焊机	20kW	75.06	83.12
18	电焊条烘干箱	600×500×750	27.16	29.58
19	滚槽机	—	26.24	28.61